建筑师的乡村设计

乡村建筑保护与改造

南雪倩 编

U0231382

化学工业出版社

·北京·

2018年，中共中央国务院印发了《乡村振兴战略规划(2018-2022年)》，住建部下发《关于开展引导和支持设计下乡工作的通知》，乡村建造及乡村振兴这一话题成为热点。全国各地开展了乡村改造的尝试，有的地方取得了良好的成果，但也有的地方改造工作比较混乱。

本书紧扣国家政策和市场热点，以理论结合案例的形式向读者展现了近几年颇具代表性的乡村建筑改造实例，让读者更为直观地了解这一建筑领域。从专业的建筑师角度分析乡村建筑的发展历史、现状以及改造策略。案例部分配合详细的文字解说，改造前后图片对比，以及配套平、立、剖面图纸展示，可以使读者更清晰直观地了解项目改造全过程，具有很强的参考价值。

本书适合建筑师、相关专业院校的师生，以及关注中国农村发展、对乡村建设题材感兴趣的人士参考使用。

图书在版编目（CIP）数据

建筑师的乡村设计：乡村建筑保护与改造 / 南雪倩编.
—北京：化学工业出版社，2020.4（2024.1重印）
ISBN 978-7-122-36146-2

Ⅰ. ①建… Ⅱ. ①南… Ⅲ. ①农村住宅-旧房改造-
建筑设计 Ⅳ. ①TU241.4

中国版本图书馆CIP数据核字（2020）第026008号

责任编辑：王　斌　毕小山
责任校对：刘　颖　　　　　　　　　装帧设计：臻度设计　王　敏

出版发行：化学工业出版社（北京市东城区青年湖南街13号　邮政编码100011）
印　　装：北京瑞禾彩色印刷有限公司
787mm×1092mm　1/16　印张15　字数200千字　2024年1月北京第1版第6次印刷

购书咨询：010-64518888　　　　　　售后服务：010-64518899
网　　址：http://www.cip.com.cn
凡购买本书，如有缺损质量问题，本社销售中心负责调换。

定　　价：98.00元　　　　　　　　　　　　　　　版权所有　违者必究

与日俱新，再造乡村图景

承载了城市人对桃花源理想生活向往的"民宿"方兴未艾，又把"乡村建设"这个专业性极强的领域从规划师和建筑师的工作带向了大众的视野；那些由普通的老房子改造而来的建筑，既和本土文化有着显而易见的联系，又带着陌生的趣味，甚至取代了山川河流这些自然美景，成为新的旅游目的地。

而这背后，正是愈发多元化、综合化的乡村建筑探索：作为乡村建设事业中积极力量的建筑师，不仅致力于乡土建构文化的传承与重塑，建立一种具有容错性和兼具传统与当代的机制；更是以人类学和社会学的方式介入，唤起一种具有当代性的风土记忆，引导村民身份与场所感的重建，从而形成建筑与社会的可持续互动关系，实现真正意义上的乡村振兴。

作为一个"非标准化"的体系，乡村的迷人之处在于，宅院虽然粗看起来相差无几，但其实都不一样——它们都曾是一个个独立的家，主人的生活痕迹清晰可见，治家的偏好也漫溢出来，赋予每一座宅院独特的性格。

传统老建筑拥有的形式和材料构造在地域性文化的传承中具有至关重要的作用，这些正在消亡的建造传统是乡村遗产不可替代的一部分。优质城市资本的引入，让这些技艺的复兴与传承成为可能；但这也并不等同于强行模仿传统的建造方式或装饰风格。材料或许不完全是地域的，但是建造方式一定是符合当地实情的；主动或被动地，建造中的"未完成"状态往往被保留下来，成为"非标准化"的、粗糙但真实的现场。

例如，米思建筑的蒋山渔村片段式更新实践，通过微小的更新策略在老屋改造中重塑内向自持的利益性，营造了符合当代美学的精致感和体验性；建筑师孟凡浩在飞鸢集·松阳陈家铺民宿中，探索借助建筑形式塑造"自然化的人工"与"人工化的自然"，用发展寻求真正的保护。

建造技艺的消亡与复兴，新工艺的引入与发明，构成了由一个个动态片段组成的生动的乡村建设图景。建筑师利用建筑学意义上克制的、面向系统的恢复和重塑手段，配合对当代乡村风貌失序问题根源的思考，以微更新的理想模式，激发村民对传统营造技艺与生活方式的认同。

如果说乡村建筑的修复与改造是建筑学问题，那么乡村的功能修复乃至于产业的振兴，则是社会学问题。乡村空间与肌理的物理修复是建筑师擅长的专业领域内的手法，空心化与老龄化等问题的解决则亟待建筑师、规划师和社会学者的共同介入。建筑师通过地方的空间形制和建造技艺，让置入的新功能与文脉建立深入的联系，成为个体经验与地方集体记忆的交会点，以举重若轻的方式，盘活村落的沉睡资产；村民借由改造的机缘全方位参与到建筑的策划、建造和使用中，尝试利用优质城市资本与流量形成新的管理或使用空间的方式，进而发展出适合乡村的商业模式。

例如，建筑师何崴的上坪古村复兴计划，尝试了一种不限于建筑设计及营造的乡村建设模式，从产业策划、建筑空间、文创经营，以及宣传一体化的角度，经由一系列动作，重塑乡村公共空间，复兴地方文化，重建地方认同，提升村庄活力；建筑师梁井宇的茅贡粮库艺术中心，更是成为茅贡计划之"空间生产"的开端之作，建成后成为展出在地文化的重要文化场所，探索开创一种混杂的文化经济模式，使外来的资源在乡镇一级集中和生发，文化和商业功能向周边村寨辐射。

正如梁漱溟在《乡村建设理论》中断言，乡村的"所谓建设，不是建设旁的，是建设一个新的社会组织构造"。这种"社会组织构造"，是习俗，是居民认可的当代社会生活和秩序。建筑师的工作，从最为实际的空间品质提升和物质环境更新入手，以一种相对简洁可操作的方式，令村民、政府、城市精英与优质资本看到富有生命力的中国叙事，从而带动更多人以更大的热情投入到广泛的乡村振兴中来。

从美丽乡村到特色小镇，再到田园综合体，国家对乡村建设的要求愈加具体，从政策到资金都给予了充足的支持；十九大之后，乡村振兴成为国家级战略，改善农民生活环境、提高农民收入等命题成为未来工作的重点。与此同时，全球乡村也成为国际建筑界关注的热点问题之———著名建筑师库哈斯近年的研究重心已转向乡村，与所罗门•R.古根海姆博物馆合作题为"广阔的非都市之地——乡村的巨变"的研究项目，并在 2019 年秋季，在博物馆中弗兰克•劳埃德•赖特（Frank Lloyd Wright）设计的纽约之家中展出。

当代乡村关注度的提升、内部社会构成及其与城市关系的变迁，给建筑师带来了新的命题和挑战。建筑师工作的乡村往往并不拥有极佳的自然或文化资源，更像是"普通乡村"，不得不直面当代乡村系统化的、复杂严峻的社会经济政治问题，既要提升乡村对城市资本和消费者的吸引力，更要引导村民自我意识的重建。

本书中深入剖析的大量成功改造案例，并非依托于绝佳的自然条件或建筑遗产：它们多位于未被列入历史文化名镇或是传统村落名册的"普通乡村"，甚至面临着严峻的人口外流空心化现象；原建筑也多为半废弃状态的老旧宅院，或是最常见不过的瓷砖贴面的多层小楼。

华丽的蜕变并非遥不可及，成功的路径也有迹可循。建筑不仅仅是承担生产、生活功能的构筑物，更成为了城乡结构变迁的社会触媒。建筑师不仅适应了乡村这一独特的、非标准化的设计语境，更是融入进而改变了乡村的日常生活，甚至深入参与到了乡村产业的复兴与品牌的打造中，成为乡村建设中不可或缺的整合者。

南雪倩

2019 年 11 月

目录

设计引言

设计引言

1 乡村振兴的背景和契机

1.1 乡村振兴是历史的选择

    乡村振兴战略自 2017 年提出至今，各个地区深入实施乡村振兴战略，各项工作也有序推进，很多乡村已经取得了初步成效，这一项聚焦"三农"问题的战略，为我们的乡村带来了新的改变和新的生机。

    回顾以往的国家政策，其实农村已经取得了不错的成果。党的十六大以来，国家坚持统筹城乡发展，实施了一系列强农、惠农、富农的政策，农业、农村发展取得了举世瞩目的巨大成就。全国粮食总产量持续提高，农业机械化水平提高，农民收入持续增长。农村生态文明建设和精神文明建设加强，农村社会稳定和谐，这些都为实施乡村振兴战略奠定了良好的基础。

    但是在这样积极蓬勃发展的现状下，我们也不得不看到一些发展趋势。随着改革开放政策的实施，中国有了不同于以往的发展模式，城市的建设也越来越好，在获得了极高的物质财富的情况下，很多原先在农村发展的青壮年看到了更广阔的未来，劳动力开始向城市转移。以往中国人依赖土地，如今城市的发展具有巨大的吸引力，吸引着大批年轻劳动力出走，留在乡村的只有老人和孩子。这在一定程度上，改变了乡村的劳动力结构，也遗留了很多问题。劳动力的出走，导致土地慢慢变成老人在耕种，但是年老的劳动力的确不能承载太多的土地，所以种地的人慢慢在变少，农业开始衰退，以往繁荣的乡村也慢慢变成了空巢村、留守儿童村，甚至是贫困村。

与此同时，我国城乡发展差距依然很大，各个城市发展不平衡、不充分，这在乡村也更为突出。乡村地区的人口流失问题依然严峻，这导致农业发展缓慢、农村环境恶化、农村基础建设落后等很多问题。农业是国民经济的基础，农村是承载农耕文化的载体，而农民是实现农业振兴和农村发展的推动者。"实施乡村振兴战略，深化农业供给侧结构性改革，构建现代农业产业体系、生产体系、经营体系，实现农村一二三产业深度融合发展，有利于推动农业从增产导向转向提质导向，增强我国农业创新力和竞争力，为建设现代化经济体系奠定坚实基础。"这是《乡村振兴战略规划（2018~2022年）》中提出的实施乡村振兴战略的重大意义。实施乡村振兴战略是符合中国国情和中国当前经济发展状况的战略，具有历史意义。

© 先锋松阳陈家铺平民书局 / 张雷联合建筑事务所（详见 P.171）

© 飞蔦集·松阳陈家铺 /gad · line+ studio（详见 P.029）

1.2 乡村振兴是人民的选择

如今的中国城市化发展表现的特点是，相当一部分青壮年劳动力进城务工经商，然后期望实现举家搬迁到城市。当然这是最好的结果，而现在的实际情况是，青壮年劳动力凭借年富力强的优势，可以在城市获得劳动的机会，但是生活条件并不如意或者是流动性很大，工作并不稳定，因此后续接全家人进城，实现城市化并不容易。

从当前的实际情况来看，农民进城就业基本上是青壮年在城市打拼，孩子和父母在农村务农，这就造成了孩子和父母分离的情况，而且随着劳动力年纪越来越大，以往的工作也很难再适应，所以的确有一部分进城务工人员希望能回农村生活，形成了返乡的现象。另外，进城务工的农民在农忙时也会选择回乡，农村实际上是他们选择退路的地方，在城市的生活虽然可以获得经济利益，但是亲情和分离造成的问题也不容小觑，毕竟，农民一直是依附在土地上，和家人紧密联系在一起的，所以，如今的乡村振兴也符合农民的要

© 安吉山川乡村记忆馆／中国美术学院风景建筑设计研究总院（详见 P.149）

© 春沁园休闲农庄生态大棚改造实践／米思建筑（详见 P.117）

求。从情感上，农民希望能跟家人团聚在一起；从经济角度来看，乡村振兴的一系列政策可以满足农民的需求，实现致富生活。

当然，除去因为自身原因返乡的农民，还有很大一部分农村劳动力愿意去城市发展。一方面，城市的经济条件的确优于乡村；另一方面，如果打拼成功还是可以实现城市化的目标的。所以，乡村振兴不仅仅是为了年青一代农民，也为了那些不得不留守在农村的劳动力或者是年老一代。如果留在农村的父母一辈可以从农村获得收入，那么他们在农村的生活状况就会得到改善，那么进城务工的年轻人在经济上就可以较少承担对父母的赡养压力，在情感上，也不会有太多的焦虑和不安情绪。这样既支持了在城市奋斗的年轻人，又为他们保留了可以作为退路的土地。

乡村振兴也包括农村环境的改善。一方面，农村的自然环境虽然优于城市，但是一些基础设施的缺乏导致农民的生活水平不高，而且农村对于传统建筑的保护意识也没有那么强烈，所以乡村振兴的提出，可以有效地改善农村环境，为当地居民提供更好的居住环境；另一方面，修缮和保护传统建筑，塑造特色旅游，也可以为农民带来收入，让那些因为不能去城市发展的留守农民获得在城市一样体面的生活。实施乡村振兴战略，不仅要让更多的农民生活富足，更要为所有农民提供农业和农村的基本保障。

因此，乡村振兴，不仅仅是提高农民的经济利益，更重要的是改善农民的生活环境，展示乡村特有的文化资源和非物质文化遗产，传承文化，进一步实现美丽乡村的目标，推进社会主义新农村建设。

2 乡村建筑的状况和特征

2.1 建筑风格各式各样，具有个人鲜明的特征

乡村建筑具有悠久的历史，大部分都是当地居民自己主持建设的工程，很少有统一规划，因此作为自住功能的建筑，或者是有鲜明功能的公共建筑，如乡村的办公区、乡村的学校、乡村的医院等，更多体现的是建造者的个人主观意识，对于建筑风格和建筑类型的把握不多，使得乡村建筑的风格和形式呈现多种多样的状态，具有主人个性特征。基本上就是主人要求什么样子，那么建造者就打造成什么样式，不太考虑其他因素。

但是具有历史文化价值的乡村建筑在一定程度上也体现了当地

的特色，例如，当地特有的建筑材料和建筑手法，虽然具有个人特征，但是整体而言，还是能找到地区特征，例如，具有明显北京特征的四合院，虽然每一间房子都各具特色。但是这种建筑形式却是统一的。

带有江南区域风格的建筑外观

© 上海"乡村振兴示范村"——吴房村 / 中国美术学院风景建筑设计研究总院（详见 P.159）

2.2 建筑技术比较原始，建筑结构不牢固，使用年限太久，现有建筑问题较多

历史越悠久的建筑，使用的材料越原始、越简单。尤其是乡村建筑并没有城市建筑更新得那么快，很多建筑几乎是使用了几十年，甚至是上百年，使用的大部分是木材或者是石材、砖瓦等。

木结构的建筑拥有自身独特的美观，但是，当木结构的建筑面临火灾时，就会失去抵抗力。而且，使用年限比较久的建筑，对于防水、防潮的设计都比较少，遇到经常有雨水的地区，对建筑的损害会更大。而乡村是容易发生自然灾害的地方，老旧的建筑对于这种自然灾害的防御能力也越来越弱。

结构老化，年久失修的乡村建筑

© 大山初里 / 小大建筑设计事务所（详见 P.081）

© 花舍山间 / 原榀建筑事务所 | UPA（详见 P.095）

2.3 建筑没有规划性，缺乏对空间的有效使用

不同于城市建筑对于空间的利用，乡村建筑大部分要求的就是大，只要在允许的范围内修建自己的房子，那么对于房子的要求就是要大，对于其他的空间格局或者是功能分区要求不高，甚至是功能区混乱的现象比较多。

因为乡村每一家的基地面积很大，所以对于建筑的要求就是越大越好，越大越能展现自家的实力。而且，有很多农具要放在室内，甚至是生产也要在房子内完成，所以对于空间的使用观念比较传统，基本上就是按照自己的理解来使用，不会过多地考虑空间格局问题。

2.4 建筑使用率低，出现了很多空置建筑

随着城市化进程的发展，越来越多的年轻人投身于城市建设中，很多乡村建筑中只有老年人和留守儿童在生活，他们自然不会使用过多的建筑，那么很多当地民居和建筑就自然而然地变成了空置建筑。很多建筑因为年久失修，形成了破败的景象。

还有一种空置建筑的形成，是因为当地居民盲目扩大自己的住宅造成的。在乡村，先富起来的家庭会将资金投入到建设房子上，以彰显自己的财力。而别人看到后也会纷纷效仿，甚至还有举债建设新房子的现象，这种攀比的观念也造成了大量空置建筑的出现。

年久失修的空置建筑

© 飞蔦集·松阳陈家铺 /gad·line+ studio（详见 P.029）

2.5 盲目追求翻新，忽视了建筑自身的历史价值

如今，乡村生活已经越来越好，很多村子开始积极修复一些历史文物和历史建筑。但是由于对历史文物的了解不多，再加上出于节省成本的考虑，因此并没有按照有关部门的要求，也没有聘请专业的修复机构，而是按照自己的理解盲目修复和翻新建筑。

再有，对当地居民居住的建筑只追求新，只要是旧建筑都完全拆除，变成新的建筑，没有考虑到建筑的文化价值，只是要求建筑越新越好，很多具有历史价值的建筑被拆除，很多代表当地特色的建筑材料被遗弃，使乡村失去了原来的面貌。

3 乡村建筑改造的原则

3.1 进行实地考察，注意成本控制

首先，设计师和建筑师在改造之前，都会对建筑本身进行实地的考察和走访，这对于后期的改造工作有很大的帮助。除了对建筑本身进行了解，还要对当地文化习俗以及当地居民的生活进行查考，因为最终建筑的使用者是当地居民。只有系统地了解他们，才能更好地对建筑进行改造。

其次，对于改造的成本要有合理的控制。因为承担改造费用的是农民，他们希望能使用有限的资金实现自己改造的愿望。过多地投入高科技产品会给他们带来负担，那么改造过程就不会顺利进行。因此，设计师在改造过程中要不断地和建筑的主人进行沟通，这样才能实现双赢的改造目的。

3.2 保留当地建筑特色，改造不能完全看不到以前的样子

建筑物保留了青瓦屋面

乡村建筑的改造应该遵循"修旧如旧"的原则，改造后的建筑风格应该与原始建筑风格相统一。例如，南方民居建筑中的徽派建筑有很多木雕、石雕和砖雕，对于这类建筑的改造就要使用"修旧如旧"的原则，使其恢复原来面貌，如果需要增加新的建筑部分，那么就要选用和原来建筑风格保持一致的材料，这样才能使其成为统一的整体。

所谓的建筑风格，指的是建筑的平面布局、形态构成、建筑手法等方面体现的独特风格。所以在设计师改造过程中，尽量能保留建筑的外部状况，这样就保留住了原有的建筑风格，可以重点对内部进行改造设计，以适应现代人的生活方式。这样既能尊重当地的地域文化，也能提升当地居民的生活水平。

© 飞蔦集·松阳陈家铺 /gad·line+ studio（详见 P.029）

3.3 尊重当地文化，利用废旧材料

　　每一个乡村都具有自己的特色，也经常使用当地特有的材料来装饰建筑。对于改造来说，不得不拆除一些废旧的建筑主体，但是这些部分也具有一定的历史和文化意义，如果能适当地再利用，那么既能体现当地特色，又能增加审美效果。

　　例如，将具有当地特色的柳编工艺制成吊顶，既降低了改造的成本，又为游客或者是在此居住的居民提供了新的景象，也可以进一步推动当地柳编工艺的发展。还有的改造将原有建筑中具有代表意义的门或者是木制工艺品引入到室内的改造中，增加了趣味性，使改造后的建筑和原有建筑实现了另一种对话。

新建的石墙就地取材自基地周边山头

© 飞蔦集·松阳陈家铺 /gad·line+ studio（详见 P.029）

3.4 提高建筑空间的使用率，实现功能更大化

　　很多乡村建筑没有合理的空间规划，为了满足当地居民新的功能需求，就要对其内部空间进行改造。例如，有些乡村建筑需要改造成民宿，那么对于客房的要求就比较高，就要对室内的空间进行

规划。原有建筑一般都是侧重生活区，而民宿要求以客人为主，所以在不改动原有建筑结构的前提下，增加一些隔断，调整非承重墙的位置，这样就可以获得新的内部空间。

　　每一座需要改造的乡村建筑，都有自己的实际需求，而设计师要做的就是要了解这种需求，然后结合当地的实际情况，使用新的设计手法来实现功能的最大化，以满足改造要求。

民宿内舒适的生活空间

© 鱼缸·花田美宿 / 杭州时上建筑空间设计事务所（详见 P.021）

© 鱼乐山房 / 久舍营造工作室（详见 P.065）

3.5 整体规划和局部改造要相统一

现在有很多乡村规划都是整个村子一起参与，因为会涉及基础设施建设和乡村整体发展定位问题。美丽乡村规划包括乡村的空间布局、村庄风貌保护规划、产业配套建设、基础设施建设、生态环境保护等方面的内容。乡村的整体规划是为了实现产业振兴、创造休闲旅游产业，以此来改善乡村的整体经济状况。

很多设计公司和设计研究院在乡村建筑规划设计中注重建筑原始风格的延续，在此基础上规划和改造乡村现状整体风貌，使其在形式上与乡村的整体风格保持统一。局部的改造也首先选择当地废旧材料，根据各地气候特征及当地居民的居住习惯，采用新型的建筑节能技术和环保材料，建设绿色生态居住环境。乡村的整体规划和局部改造要形成统一的风格，这样才能更好地和环境融合，更好地为使用者所用。

改造后的建筑和谐地存在于原建筑群之中

© 老梅湖的新建筑——剪纸艺坊与伴湖书吧 / 杭州森上建筑设计（详见 P.181）

© 上坪古村复兴计划之杨家学堂 / 三文建筑 / 何崴工作室（详见 P.211）

4 乡村振兴之建筑改造的形式

相比于农业的机械化发展和农民收入增加这种隐性的乡村振兴发展成果，乡村建筑的存在更能直观地展示乡村振兴的成绩，而且也有助于改变乡村村容，进一步带动乡村的经济发展。

乡村建筑有很多自己的特色和特殊的历史背景，所以也造就了乡村建筑的多样性。乡村建筑一般都具有很长久的历史，属于文物的部分要积极进行修缮和保护；属于普通乡村建筑的，可以拿来进行改造，以适应如今乡村振兴的大趋势。

当然，有很多乡村建筑改造也是符合当地居民的要求的，不同性质的乡村建筑改造，也给居民生活提供了不同的生活体验，一方面可以改善乡村的经济状况，另一方面也可以丰富居民的精神生活。

建筑改造的含义，顾名思义，就是在原有建筑的基础上进行新的创作，使得原建筑和改造后的建筑能融为一体，成为统一的建筑体。乡村建筑改造不同于新建筑的建设，因为原有的建筑已经具有一定的故事性，而设计师要在保留这些故事的前提下，去进行新故事的创造，既不能掩盖原有建筑的特性，又不能喧宾夺主地改变原有建筑和周边环境的和谐。这对于设计师和施工者来说是一个巨大的挑战。不可否认的是，这种改造的确很考验设计师，一旦设计师没有完全解读好原有乡村建筑，那么所谓的改造恐怕就会变成一定程度上的破坏。

根据改造后使用功能的不同，乡村建筑改造大致分为商业用途建筑、公共用途建筑、改善居民环境和生活的建筑、艺术创作建筑等。

4.1 商业用途建筑

乡村建筑改造一般而言，原有建筑都是民宅、小型商业用途建筑或者是被废弃的公共用途的建筑。无论是哪一种用途，需要改造的建筑都是原有用途已经不能符合现在的生活需要，因此需要新的介入来改变原有的建筑状态。

改造之后用于商业用途的乡村建筑是最主要也是最常见的。例如，改造后被用作民宿、餐厅和茶室等。用于商业用途的改造要考虑很多成本因素，还有空间使用的规划等方面。而在改造开始之前，设计师对原有建筑的地域考察就变得尤为重要。不同于城市建筑，乡村建筑与环境的关系更加紧密，无论是自然环境还是人文环境，乡村建筑都带有浓厚的当地特色。很多乡村建筑的取材就在当地，甚至有的建筑材料只有在当地才能获得。在使用特有材质的前提下，乡村建筑就带有自己的独特性。而设计师在改造之前的考察就包括这方面的内容。因为是用于商业用途，所以最终肯定要考虑经济价值，所以原有乡村建筑的考察需要设计师能够实地考察当地的特殊建筑材料和建筑手法，这样才能更加准确地提出合适的改造方案。

商业用途会有几个功能核心，例如，如果改造成民宿，那么会以客人的居住以及体验当地特色饮食和活动为主，就会在改造中重点考虑这几个功能区的设计，减少其他不需要的区域。如果是改造成餐厅，就会着重设计厨房和会客区部分。不同商业用途的建筑都有自己关注的区域功能，但是都遵循一个原则，就是建筑要保留自己的特色，或者是后期会设计一部分原有的建筑，以新的面貌呈现在客人面前。适当的室内设计会重点考虑这部分的加入。比如，将原有的外部石头台阶引入到改造后的建筑内部，让客人能再次见到原有建筑的部分，这样能增加功能区的故事性和历史性。形成这种独特的对话方式需要设计师不仅仅着眼于整个建筑，还要能适当地运用原有建筑的故事。

乡村建筑改造后用于商业用途，这对原有建筑的要求不高，只要建筑主人有需求，找到设计师，提出想要的方案，就都可以实现。所以，这也是乡村建筑改造中最常见的形式，是单纯的甲方和乙方的关系。甲方有需求，乙方有能力，就可以顺利地进行改造。

改造后的客房保留了部分原始乡村元素

© 宜兴竹海云见精品度假民宿／一本造建筑设计工作室（详见 P.053）　© 花舍山间／原榀建筑事务所 | UPA（详见 P.095）

4.2 公共用途建筑

除了用于商业用途之外，乡村建筑改造后也有用于公益性用途的，基本上包括办公建筑、公共设施建筑、研学营地和纪念馆等。所谓公共用途，其实就是基本上没有经济收益，但是又能为当地居民甚至是外来游客提供理解当地文化的场所。

公共用途比较注重功能的综合性设计，因为在这个场所活动的人们需要大量的空间和功能区，在改造时，设计师要考虑各种人群使用这一场所的目的。在空间划分上，就要考虑功能分区的多样性和综合性，让每一个进入建筑的人都能很方便地找到自己想要的功能分区。不同于商业用途建筑里面有很多服务人员，公益性用途建筑里面更多的是访客自己去完成一系列的操作。那么在改造中，就要明确功能分区，建筑的特色变得不那么重要，而是将便利作为改造的原则。

改造后作为公共用途的建筑，对于原有建筑的地理位置有很高的要求。它应该是以往就聚集了很多人气的场所，或者是在交通要道附近，因为只有这样的乡村建筑改造后才能提高使用频率。如果是很偏远的地方，恐怕即使有很惊人的改造方案，其后期的使用也会受到影响，因为建筑毕竟是要依赖人而存在的。如果公共用途的前提是遥远的路程，那么使用起来就会有很多不便利的地方，久而久之，也会被当地居民所淘汰。

4.3 改善居民环境和生活的建筑

乡村建筑改造中有一类建筑，它们的出现，提高了居民的生活质量。这类建筑在城市中很常见，也很受欢迎，同样，在乡村中它们也被慢慢地接受和欢迎。

这类建筑包括各类学校、图书馆、展览馆等。很多乡民不理解它们的存在，觉得以前没有这些建筑也能生活，但是这些建筑的存在能提高生活的品质，尤其是对后代的影响更是深远的。这些建筑关乎人们的精神文明建设，可以提高居民的文化素养，因此对于设计师又有新的要求。

这类建筑都不约而同地跟文化和文明有关系，因此在改造中，要尽量考虑展现更多的人文关怀，而改造后的建筑大部分也有一定的文化底蕴。改善居民生活的前提就是居民要参与到其中，大部分这类建筑也是公益性质的，并不向居民收取费用，但是却能为周边居民提供一个聚集的场所。这类建筑要能保留乡村自己的特色，因为一个完全现代化的建筑会让人们有距离感，也会很突兀，人们会觉得这样的建筑和环境格格不入。这类建筑的改造原则就是既要展现乡村自己的文化特色，又能与周边的自然环境相融合。

改造后的建筑为当地居民提供了阅读空间

© 上坪古村复兴计划之杨家学堂 / 三文建筑 / 何崴工作室（详见 P.211）

4.4 艺术创作类建筑

除了以上具有一定目的性的乡村建筑改造以外，还有一种类型的改造，就是设计师和艺术家共同完成的艺术作品类型的建筑改造。这种类型其实也是在改善乡村环境。这类改造具有很大的主观意识，依赖于设计师和艺术家的创作手法和创作理念，改造后的建筑也是大部分起到了纯粹的审美作用。

因为乡村建筑的面积一般都比较大，进行艺术创作的时候有很大的空间。而改造后的建筑，即使并不是每个人都能理解，但是在某种程度上，改善了乡村的面貌，也提高了居民的审美情操。

在如今经济高速发展的社会环境影响下，乡村的城镇化进程加快，很多乡村建筑都被全新的建筑所取代，这其中也包括那些具有文化和历史意义的建筑。人们按照自己的意愿和需求改造任何建筑，最终只会加深破坏，甚至是降低使用的年限，因此，乡村建筑的改造应该交由更专业的设计师去参与，这样才能保证最大限度地保护好原有的建筑。

很多传统乡村建筑的改造对于保护传统建筑有很大的帮助。改造或多或少都会受到当地文化的影响，有的设计师擅长运用当地的特殊建筑材料来进行改造。大部分乡村建筑的改造注重本土文化的保留，无论是建筑立面的改造还是建筑内部结构的重新规划，都会和当地的环境相融合，这也是设计师所追求的效果。

5 乡村振兴之乡村建筑改造的意义

如今的城市发展模式趋于雷同，相反，乡村的地域性特质逐渐被人们所关注。北京的四合院，山西平遥的古城，浙江的氏族村落，重庆、贵州的吊脚楼等建筑都具有独特的魅力，这些乡村建筑与当地的自然环境、风土人情有着密切的关系。但是随着时间的流逝，很多建筑开始不能履行之前的功能，如果就此淘汰掉，那么这些具有地域特色的建筑就会慢慢消失，因此，需要进行改造以实现全新的作用。"看得见山水，望得见乡愁"是我们对乡村的期望，美丽乡村的背后，设计师遵循的原则是人与自然的和谐相处。乡村建筑的改造不仅仅是获得新的功能，更多的是对文化振兴、产业振兴和环境改善的作用。

5.1 建筑改造的文化振兴作用

文化振兴，指的是坚持物质文明和精神文明两手抓，繁荣兴盛农村文化，培育文明乡风、良好家风、淳朴民风，改善农民精神风貌，不断提高乡村社会的文明程度，焕发乡村文明新气象。

乡村建筑的改造对于延续乡村文化有重要的作用。很多乡村传统建筑都面临着不能使用或者是被淘汰的命运，而设计师对于乡村建筑的改造从某种程度上保留了乡村建筑的原本面貌，而且还赋予了乡村建筑新的功能。例如，乡村建筑改造中有最终被用来当作书吧、图书馆或者是书店的，这种建筑的改造有助于提高乡村社会的文明程度。

乡村建筑的改造，也能对乡村传统文化进行保护、传承与发展，使其与现代文化有机融合，更好地延续乡村文化血脉。一些改造项目变成了居民聚集地，丰富了居民的业余生活，也为周边居民的交流提供了合适的场所。同时，用于商业用途的改造，为村民提供了展示传统文化的平台。乡村的非物质文化遗产得以保护、传承与发展，如乡村优秀传统曲艺表演、民间手工艺术、传统节庆活动等。建筑改造成的民宿，提供了广阔的平台，游客来此旅游必定会接触到当地的传统文化。乡村传统文化与乡村旅游深度融合，不断激发乡村文化的活力。

5.2 建筑改造的产业振兴作用

乡村产业振兴一般指的是农业产业的发展，但是乡村振兴中提出，乡村产业振兴要紧紧围绕农村一二三产业融合发展，丰富产业的多样性，当然这其中要以农业为主。而乡村建筑改造之后必定会给当地带来一定的新兴产业需求，例如，日益完善的旅游业的发展，也会给周边的农副产品的发展带来新的转机。相对于在城市能看到的农产品，游客更愿意在当地购买特色农产品，而这些经过改造后的建筑给这些产品的展示提供了平台。很多民宿中都会涉及当地特色产品的展示。

如今，城市居民对自然观光、休闲旅游、体验式观光的需求日益增多。乡村良好的自然风光、传统建筑的独特风貌、慢节奏的生活，成为城里人放松的选择。乡村也随之出现了农家乐、周边游等乡旅结合、一二三产业融合发展的产业形态，形成了庄园式休闲农业和体验式休闲农业等产业模式。但是原有的建筑或者是过于简单古朴，或者是设施简陋，并不能吸引游客，导致旅游体验变差，所以需要这些现代化设施的民宿或者建筑来满足城市居民对于乡村自然生活的向往。这样才能有良性的循环，吸引人们来到乡村享受生活。同时，这样的产业也能吸引更多的农民回归乡村。

产业振兴最主要的就是能给农民带来经济收入。以往只是依赖于农业发展，如今的乡村建筑改造可以给乡村带来一定的经济利益和丰富乡村产业。如今的旅游业发展迅速，人们不仅仅是要去看美丽的风景，也想体验乡村生活。很多乡村具有一定的地域特征，具有一定的人文价值，改造后的民宿、图书馆、酒吧、展览馆甚至是活动中心，都可以给人们带来不一样的体验。

5.3 建筑改造的环境改善作用

环境大致分为自然环境和人文环境。在乡村，无论是住宅还是其他被废弃的建筑，都是使用比较落后的建筑手段，虽然在某一方面体现了当地的特色，但是，这种原始的建筑手法对于节能和减排并没有什么帮助，反而会增加乡村的空气污染。而乡村建筑改造中，很多改造都使用了全新的建筑材料，减少了煤和木炭的使用，能有效地减少空气污染，改善乡村自然环境。

从审美角度来看，乡村建筑改造给乡村带来了新的审美体验，改善了人居环境，给乡村带来了另一种风貌。乡村建筑改造还包括对整体乡村的改造，如整治生活污水、生活垃圾的处理等。这能有效地改善农村居民的生活环境。

设计师这一特殊群体，在如今中国乡村振兴中，不断地尝试新的设计方法和新的设计理念，不仅仅是改造了乡村建筑，更多的是在保留乡村特色的前提下，实现乡村建筑的重生，赋予建筑新的生命力。在每一次改造实践中，设计师赋予建筑的多样化功能、新式建筑元素与当地元素的碰撞，让人们不禁开始思考乡村建筑改造的未来发展前景和方向。

参考文献:

[1] 周睿，钟林生，刘家明. 乡村类世界遗产地的内涵及旅游利用 [N]. 地理研究，2015-5.

[2] 吴理财. 近一百年来现代化进程中的中国乡村: 兼论乡村振兴战略中的"乡村"[N]. 中国农业大学学报: 社会科学版，2018-6.

[3] 朱启臻. 乡村振兴背景下的乡村产业: 产业兴旺的一种社会学解释 [N]. 中国农业大学学报: 社会科学版，2018-6.

[4] 王景新，支晓娟. 中国乡村振兴及其地域空间重构: 特色小镇与美丽乡村同建振兴乡村的案例、经验及未来 [N]. 南京农业大学学报: 社会科学版，2018-3.

[5] 贺雪峰. 关于实施乡村振兴战略的几个问题 [N]. 南京农业大学学报: 社会科学版，2018-5.

[6] 姜长云. 实施乡村振兴战略: 关于总抓手和中国特色道路的讨论 [N]. 南京农业大学学报: 社会科学版，2018-7.

案例赏析

商业篇

公共篇

鱼缸·花田美宿

杭州时上建筑空间设计事务所

项目地点	项目面积	主创设计师	摄影师
浙江省湖州市莫干山	850 平方米	沈墨，张建勇	唐徐国

项目自然概况

　　鱼缸·花田美宿坐落于中国著名的休闲旅游胜地——莫干山。屋前油菜花明艳艳一大片，屋后竹海茶园万壑流青，左侧一湾溪流过古桥。溪水潺潺，竹林环绕。驶过蜿蜒的山路和青翠的竹林，来到风景绝美的南路村。老房子依着山坡，山坡上是碧绿的菜畦、茂盛的紫云英，春天青蛙在这里欢叫，秋天蟋蟀在这里低鸣……入眼处处是风景，耳畔阵阵是乐章。

项目名称由来

　　鱼缸民宿由农舍改建而来。由于乡村建设进程的加快，以及当地旅游业的发展，主人想要一改农舍老破的格局，便邀请到了设计师沈墨与张建勇进行改造，将空间进行重新规划，打造出一个全新的民宿空间。"鱼缸"起源于老板俞刚名字的谐音，他希望客人像一条只有七秒记忆的鱼，能够在这里慢下来，忘却烦恼，只需享受当下的畅游。民宿整体设计以鱼儿自由游动的动线来分区，让人们能够体验到从不同空间自在穿梭的感受。

1. 夜幕下的民宿外景图
2、3. 改造前的建筑原貌

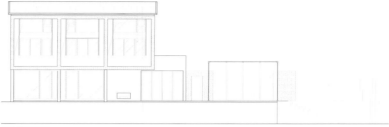

主建筑立面图

建筑极简主义创造的一步一景：户外空间设计

　　民宿整体空间规划以小区域功能景观来划分，通过一步一景的设计，将小面积的空间变得有趣生动。户外的休闲空间铺满白色石头，将活动空间与居住空间分离。格栅的木头走廊富有节奏感，白天阳光照射过来，能够呈现出不同的光影。

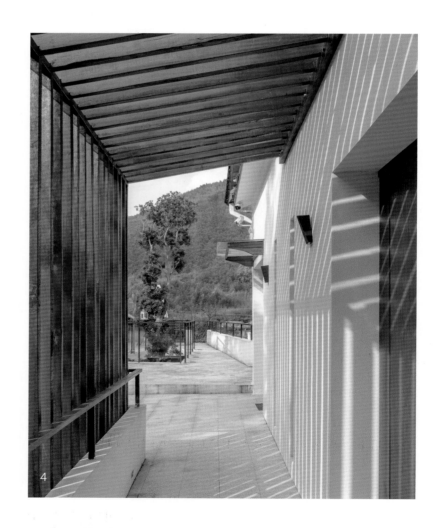

4. 室外廊道
5. 室外观景平台可用作休闲空间
6. 在室外观景平台可眺望远处山景

观景平台与自然的融合

　　鱼缸的建筑设计以极简为主，剔除多余的装饰，建筑线条流畅，从任何一个角度看过去都极具几何空间之美。设计师在观景平台上运用了"天圆地方"的概念。坐在椅子上，透过方形的墙体望去，满眼都是一片碧绿的竹林，前方的水池将竹林景色倒映其中，融合成一幅美丽的山水画，仿佛与自然进行了一场有趣的对话。通过圆形的门可以看到远处的茶园，同时也能通往餐厅以及院子等空间，美观又不失功能性。

建筑内部玻璃材质的应用

特别设置了一片户外露台，在这里，一年四季都可以欣赏到不同的花田景观。推门而入便是接待大厅，大厅分两块区域：接待中心和阳光玻璃房。玻璃房内承载着一天的光影，下沉式的包围空间让气氛更加浓厚。冬天里，围着壁炉，拥着暖阳，与友人喝茶聊天，体验悠闲自在的生活。

整个大厅将大面积的落地玻璃窗和玻璃门运用到极致，设计师不希望门外的山野之色被厚重冰冷的墙体阻隔，而是希望眼睛所观之处皆是山野绿色，即使不走出室外也能将山林景色揽入怀中。

一层平面图

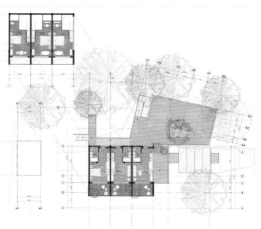

二层平面图

室内设计与建筑的融合

　　房间内的大面积留白与原木家具，造型感极强的楼梯、床以及电视柜将空间装饰得恰到好处。纵横交错的楼梯以及开小窗口的楼梯充满了趣味性。楼梯之间、室内室外，仿佛交融在一起，于是每个转角、每道走廊、每个平台，都成了不可错过的风景。

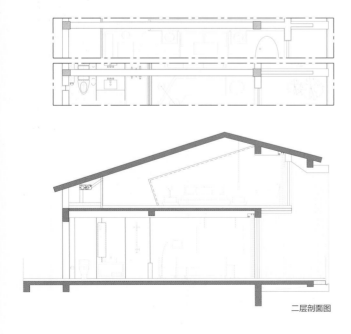

二层剖面图

7. 室外露台
8. 一层大厅一角

9

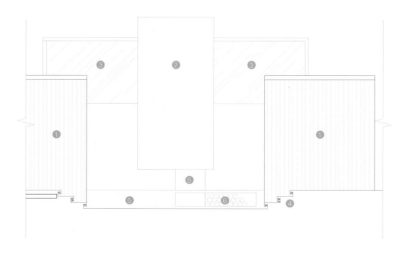

1. 防腐木
2. 乳胶漆
3. 玻璃
4. 灯带
5. 深灰色油漆
6. 木材

阳光房立面图

项目改造的意义

　　近年来，城市建设取得了突飞猛进的大发展，相比之下，以传统农业文明为根基的广大乡村仍然处于原生态的秩序之下，而这种自发的原始状态已成为城乡文明建设的冲突所在。乡村建设不仅要加强基础设施的改善，提升乡村的文明程度，同时也该带动乡村经济的发展。民宿作为乡村建设的重要组成部分之一，可以吸引更多的城市居民来到乡村，体验令人心驰神往的生活。

9. 阳光房内景
10. 建筑全貌鸟瞰图

飞蔦集·松阳陈家铺

gad·line+ studio

项目地点	项目面积	主创建筑师
浙江省丽水市松阳县	300 平方米	孟凡浩

室内设计	摄影师
上海玮奕空间设计有限公司	杨光坤，苏哲维，史佳鑫

项目自然概况

　　"西归道路塞，南去交流疏。唯此桃花源，四塞无他虞。"自古以来，松阳便被誉为"最后的江南秘境"。在距离松阳县城 15 千米的大种山深处，古村陈家铺悬于山崖峭壁之上，三面环山，面朝深谷，云雾缭绕，距今已有 600 多年历史。陈家铺村依山而建，沿山体梯田阶梯式分布，上下落差高达 200 余米，整体呈现出典型的浙西南崖居聚落形态。近百幢民居多为夯土木构建筑，保留了完整的村落空间肌理和环境风貌。时过境迁，设计团队初次来到这里，正值收获的季节，阳光洒在这个悬崖上的村子，夯土墙愈发的亮眼，家家户户在门前晒着自家的番薯干，满目的金黄。

原建筑状况

　　gad·line+ studio 的任务是对位于村落西南侧的两栋传统民居进行改造。两栋民居是典型的浙南山地民居，三面夯土围合，一面紧靠毛石挡土墙，内部屋架为传统木结构。机动车辆到达村口便无法前行，步行约 300 米可抵达项目场地，但是村道蜿蜒曲折，石阶上下崎岖，路面最窄之处仅供一人通行。陈家铺村是松阳县的历史风貌保护村落之一，松阳政府对于传统历史保护村落的风貌控制有着非常严格的要求。然而项目业主希望改造后的空间兼具体验感和舒适性，能回应外部优美的风景。

1. 悬挑的玻璃体量
2~4. 项目场地环境，村道蜿蜒狭窄

与当地建筑的对话

　　在整个设计建造过程中，建筑师们始终遵循两条平行的路径：一是对松阳民居聚落的乡土建构体系展开研究，梳理与当地自然资源、气候环境、复杂地形、生产与生活方式及文化特征相适应的空间形制和稳定的建造特征，为保护传统聚落风貌提供设计依据；二是运用轻钢结构体系和装配式建造技术，植入新的建筑使用功能，适应严苛的现场作业环境，满足紧迫的施工建造周期，同时提供较好的建筑物理性能。

　　设计从调研测绘开始，梳理了当地乡土民居聚落的建构体系，分析其组成脉络、特征与现实应用的可能性。调研内容包括材料配比、建造技术、场地营造与环境气候适应等方面。团队不仅走访了当地传统工匠，收集工法口诀，感知材料特性，学习传统建造过程，同时，还向现代夯土技术专业人士咨询，调整材料配比，优化材料性能和技术工艺，学习夯土修复技术。最终，在前期调研测绘的基础之上，团队对当地带有地域特征的构架、屋面、墙体、门窗、构造细部等建筑元素和材料进行整理分类，建立了当地的材料与工法谱系，其成果能够作为之后改造更新设计的参照基础。

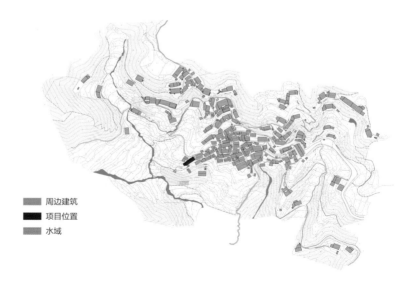

　　周边建筑
　　项目位置
　　水域

区位图

项目空间设计和改造

　　两栋民居的夯土墙体保存较为完好，设计将其整体保留，原有建筑内部空间格局狭小，木屋架也已年久失修，拆除后，植入新型轻钢结构，并将新结构与保留的夯土墙体相互脱离，避免土墙承受新建筑的受力荷载。

　　原有老建筑的层高低矮逼仄，无法满足现代人们对居住空间的需求。因此设计师将原有建筑屋面整体抬高，将高度合理分配至上下两层，为室内设备安装预留空间，同时创造舒适的居住体验。1号楼的最西侧，原有砖砌柴房已坍塌破损，荒草丛生。设计师依照原有宅基地范围修建，并且在二层悬挑一个玻璃体量，既可以作为室内空间的延伸，又能更好地收纳峡谷景观。

　　改造方案采取建筑、室内一体化设计施工，因此室内隔墙、楼梯、管线预埋等均可以在工厂预先加工完成，现场装配组装，保证施工精度。室内墙体以 C 型轻钢作为龙骨，金属网板支模，内部填充 EPS 发泡混凝土，自重轻，保温隔声效果好，施工便捷。

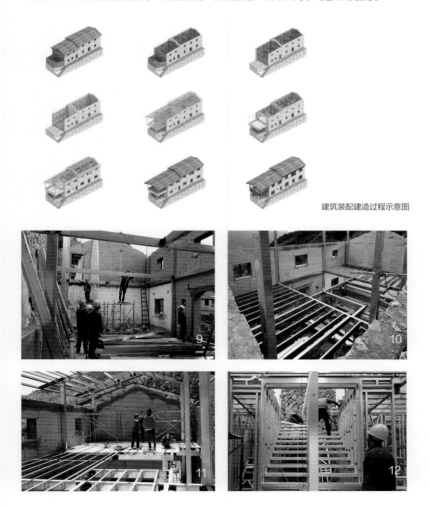

建筑装配建造过程示意图

5~8. 传统工法和现代夯土改良技术的应用
9~12. 装配建造过程

传统建筑的保护和新建筑的融合

为了最大程度保留原有墙体，土墙与新建结构脱离，避免土墙承重；二层由于室内高度增加，屋面整体抬升，檐口以下新建外墙以幕墙形式外挂，受力于主体钢结构。当地农民施工队运用传统手工技艺修复还原土墙，室内墙面喷涂保护层。原有外墙的入口门洞以及石头门套完整保留。

村庄内乡土民居顺应地形地貌，依山而建，多数房屋背靠山体的一侧，围护外墙直接采用毛石砌筑的护坡挡墙。设计中希望保留这一表达地域建造特点的构造。要对存在结构隐患的石墙修缮加固，确保结构稳定性；山地土层含水量高，石墙会出现渗水现象，在基础施工阶段，预埋排水管起到引流作用。石墙内部灌浆处理，填补缝隙，刷防水涂层，营造舒适的室内居住环境。

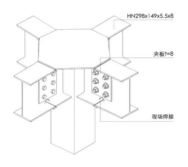

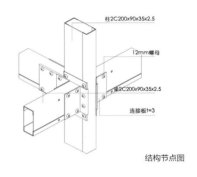

结构节点图

土墙保护修缮——墙身大样

1 屋面
青瓦（原建筑保留）
SBS 防水层
12 OSB 板垫层
200 轻钢龙骨屋面（EPS 灌浆）
吊顶内饰面

2 檐口
青瓦（原老建筑保留）
SBS 防水层
12 OSB 板垫层
100 轻钢龙骨屋面（EPS 灌浆）
黑色竹木外墙板
黑色装饰檩条

3 外墙
内饰面
140 轻钢龙骨墙体（EPS 灌浆）
黑色竹木外墙板

4 窗
双层中空保温玻璃窗
黑色预制金属窗框（穿孔铝板通风）

5 楼面
室内木地板
40 地暖层
30 绝热保温层
200 轻钢龙骨楼板（EPS 灌浆）
吊顶内饰面

6 外墙（原建筑保留）
夯土墙
石砌门洞
青石板台阶
毛石墙基

7 地坪
室内地砖
40 地暖层
30 绝热保温层
SBS 防水层
20 水泥砂浆找平
150 钢混结构层 素土夯土

13

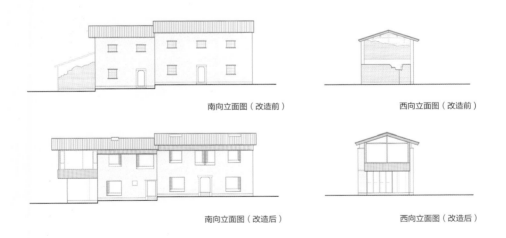

南向立面图（改造前）　　　　　西向立面图（改造前）

南向立面图（改造后）　　　　　西向立面图（改造后）

　　传统民居的开窗洞口较小，无法满足客房室内空间对于光照、通风和景观收纳等方面的需求。为了改善建筑内部的光照环境和景观视野，设计时对原有门窗洞口进行了扩大处理，安装现代门窗系统，确保外围护结构的密闭性，增强保温隔热性能。特殊设计的铝板穿孔窗框，既能提供室内通风，又保证了外立面简洁统一。

13. 运用传统手工技艺修复还原土墙

14

　　轻钢龙骨屋面填充 EPS 发泡混凝土，上铺防水卷材。设计利用老建筑拆除的小青瓦作为面层，既回应了地域文化性，也体现了可持续的生态理念。到了夜晚，为了能让住客欣赏到高山上美丽的星空，床顶部的屋面加设了天窗。

14. 青瓦屋面
15. 床顶部的屋面加设天窗
16.1 号楼一层房间
17. 毛石墙修复

15

项目改造的意义

　　传统历史文化村落保护的目的是为了其更好地发展，风貌严格控制的背后仍然需要满足新业态的功能。乡村的发展不仅仅需要面对自然环境和传统文脉，也需要营造符合现代化生活需要的高品质空间。设计师在本次乡村改造中尝试将传统手工技艺与工业化预制装配相结合，轻钢结构在建筑内部为现代使用空间搭建了轻盈的骨架，而传统夯土墙则在外围包裹了一层尊重当地风貌的厚实外衣。同时就地取材，对旧材料加以回收再利用，实现"新与旧、重与轻、实与虚"的对立统一。

16

17

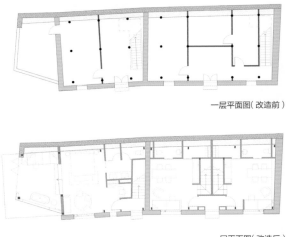

一层平面图（改造前）

一层平面图（改造后）

18

18. 1 号楼二层房间
19. 开放的浴缸，可以透过落地窗欣赏自然风景

19

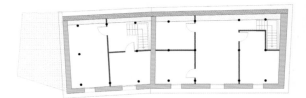

二层平面图（改造前）

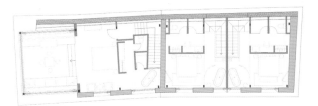

二层平面图（改造后）

20

20. 融入山景的建筑外观
21. 夜幕下的建筑局部

21

后院驿站精品民宿

CCDI 卜智室内设计

项目地点	项目面积	主创设计师	项目策划	摄影师
北京市昌平区	340 平方米	李秩宇	张鹏，许文峰	鲁飞，任恩彬

项目所处自然环境

本项目位于北京后花园风景区附近的后白虎涧村，地处整个村落的最西侧，紧邻乡道。白虎涧村西靠太行山余脉，东临京密引水渠，依山傍水，属京郊典型的山前暖带地区。村内有被誉为北京后花园的白虎涧自然风景区。民宿周围群山环绕，自然环境十分宜人。

建筑原貌及改造策略

民宿原建筑是一栋坐南朝北的两层建筑，属于 20 世纪 80 年代典型的红砖结构。因常年无人打理，最终设计师面对的，是一个红砖与钢结构结合的、杂乱无序的建筑形态。原建筑的一层为 6 间员工宿舍，每个宿舍面积 17 平方米，南侧没有采光，房间内阴暗潮湿；二层东西各一个露台，中间为木门与木雕展厅，一二层由一个外挂的钢制楼梯相连。因本项目是定位于"微度假"概念的精品民宿，如何平衡周边村落的生态环境，在增加房间的采光量的同时保证其私密性，提升客房的舒适度，成为整个设计改造中的重点。

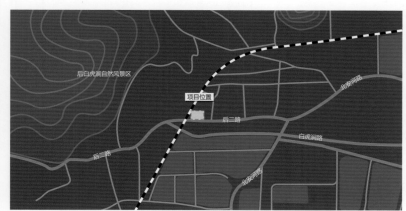

区位图

1. 项目夜景，外立面的红砖在暖色灯光和树木葱茏下静静矗立
2. 项目原貌，改造前的空间是工厂宿舍，随着北京城市功能疏解逐步退化

3

立面图（1）

立面图（2）

项目改造过程

　　建筑的设计改造中，"在地主义"的设计理念贯穿始终。为了融入周边环境，设计师保留了建筑原有的红砖结构，并在南侧人视线以上的区域统一开镀膜玻璃高窗，既隔绝了室外乡道人流对室内环境的干扰，又最大限度地引入光线。与此同时，近处绿树的姿态，远处西山的形状也被悉数纳入窗内。

　　建筑外线的公共区域曾堆放了近千块闲置的西山花岗岩，处理起来费时费力，在衡量了建筑与周边环境的关系之后，设计师决定因地制宜，利用原花岗岩原料堆放成"山"，砂石回填为"水"，建筑外围形成自然水系与禅意。建筑北侧的设计也极尽考究，为了营造良好的视觉感受，每户一层均设置大面积玻璃幕开窗，并增加了8平方米的入户花园，在营造窗景的同时，又保证了每个房间的私密性，形成独特的客房体验。

3. 外立面横向全貌，外线堆砌着就地取材的西山花岗岩
4. 入口，标识的暖光提示着入口的方向

5. 入院整体建筑透视视角，厅堂作为咖啡厅，钢架楼梯可通往露台
6. 内院立面鸟瞰，回身角度一览院落庭院入口，开放的同时保证私密性
7. 客房庭院内部，郁郁葱葱的植物形成了客房欢迎内景
8. 厅堂外窗立面
9. 内院立面全貌，照明随着折面的造型墙依次递进
10. 独立院落的围合使得空间动线关系分明

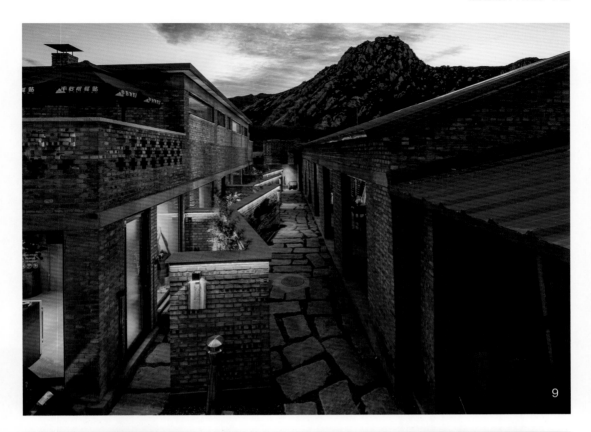

9

10

11. 公共区域露台一览
12. 厅堂作为接待空间，成为民宿对外的展示窗口

　　考虑到房间的舒适度与完整性，设计师对一层原有的 6 个房间进行了重新规划。东侧第一间被设置为民宿的厅堂，连同东侧二层露台一起，兼具接待、娱乐、用餐等功能。剩余的 5 间房被重新划分为 3 间客房，拆除了部分楼板，将楼上楼下打通，形成了 3 间 LOFT，可满足一个家庭（3~4 人）入住，并从东向西分别以"无白""前白""后白"为客房命名。

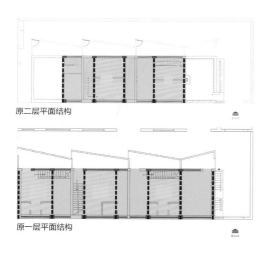

原二层平面结构

原一层平面结构

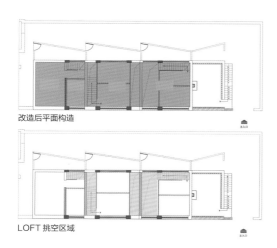

改造后平面构造

LOFT 挑空区域

11

12

13. 无白客房，木饰面的亲人感觉与工业风的裸感形成鲜明对比
14. 通往二层卧室的黑钢楼梯，造型本身即是风格
15. 无白客房的空间形式为带局部挑空 LOFT
16. 后白客房一层概览，红砖的一体化为空间硬装提供多样形式

　　室内所有的机电、水暖管线全部裸露明线管，保留材质本身的质感与属性；橱柜门板直接采用镀锌钢板基层材质制作而成，摩登而归本。卧室被统一设置在LOFT的二层，使得活动空间与休息空间上下分隔互不干扰。室内屋面的处理上，设计师用原建筑拆除下来的老房梁在内部重新搭接并覆以芦苇，再以灯带描绘房梁形状，渲染空间氛围；床头背板由整块原木切片加工制成，古朴自然的气质尽现。不同于前两间客房南北朝向的床位设计，后白的床位被设置成东西朝向，躺在床上透过飘窗便可欣赏到西山、日落等自然景观；飘窗可以全部打开与二层屋面花园内外互连；阳台上特意用红砖砌筑了长榻，晚间可坐于榻上，品茶观星，把酒夜话。

　　设计细节中，所有客房的水台均采用西山的花岗岩石打磨制作；楼梯上悬挂的吊灯由西山林地的木段制作而成；门牌则是由老房拆除下来的瓦片锻造的，既有北京西北合院特色，又赋予了老材料新的功能用途。

16

整个室内空间的设计上，无论是硬装还是软装，都尽可能地从周边环境中汲取灵感和用材，丰富空间内涵，最大限度体现"在地主义"的设计立意。旧宅外堆放的近千块花岗岩被设计师反复利用，不仅打造了建筑外围的禅意小景，还铺就了入户景观步道，并用于室内空间中厅堂桌台、卫生间水台的制作。

改造的意义所在

旧屋改造既赋予了原有建筑新的生命，又激发了设计中的无限可能。在约束中寻求突破，在新旧之间找到平衡，乡宅改造的最大价值不只在于居住环境的改善，更多的是作为乡村与城市的纽带，向繁忙而浮躁的都市人群普及乡村生活，助力乡村发展。这其中，设计的社会学意义得以体现。

17

18

19

20

17. 二层 LOFT 客房卧室
18. 床头软装细节
19. 客厅桌面与家具细节
20. 浴缸与背景墙细节
21. 花岗石制的水台成为空间"在地主义"的实践亮点
22. 二层 LOFT 客房，窗景做到最大化，卧床视线即可充满山景
23. 客房露台，竹篱的高度隔绝繁杂，只为突出山体轮廓线

宜兴竹海云见精品度假民宿

一本造建筑设计工作室

项目地点	**项目面积**	**主创设计师**	**摄影师**
江苏省无锡市宜兴县	1000 平方米	李豪	康伟

项目所处自然环境

　　宜兴湖㳇镇竹海，是在江浙地区一个小有名气的景区。这里漫山葱郁，竹林丛生，山势舒缓，气候宜人。这座房子坐落在竹海景区不远处，背靠竹山，小溪潺潺。

项目现状

　　云见身处诗意的自然环境之中，然而周围却混杂着面目全非的现代民宅。传统的江南民居已消失殆尽，新的建筑都是典型的"现代乡村民宅"，方方正正的体量满当当地塞进每户的宅基地中。这座房子也不例外，多年前修建的时候，为了能够建造更大的面积，这栋房子拥有了十分"奇特"的高宽比，主人又在委托设计之前做了一次大规模的加建。由于经营需求的改变，主人希望可以在保留餐饮功能的同时，增加住宿的功能，让原本主要经营餐饮的农家乐升级为兼具餐饮和住宿两种功能的民宿。

1. 建筑与周边环境的融合
2. 建筑改造前原貌

3

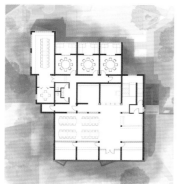

一层平面图

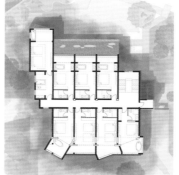

二层平面图

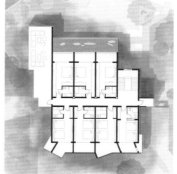

三层平面图

四层平面图

总平面图

改造理念与实现过程

　　设计是从平面布局入手的。建筑所处的位置（村主路入口一侧）有着较其他民宅更为明确的公共性，但却一直用于停车。设计师将原有的停车功能转移至对面区域，并通过景观的操作补偿加建后公共性的缺失。

民宿改建前后对比图：轴测图　　　　　　　　　　　　　　　轴测图

　　设计师们选择竹海本地生产的竹材，用竹格栅将完整庞大的立面"化整为零"，弱化建筑给紧凑的前院带来的压迫感，并与人的尺度呼应；同时，引入了一面连续的院墙，元素非常清晰：毛石基座，纯白墙面，以及竹钢压顶，勾勒出明确但友好的领域分界。在院墙正面两端开口，由于建筑入口并非居中设计，因此引发了不对称的流线，在距离建筑忽近忽远的空间关系中延长空间序列，从而使建筑与公共道路获得了相对模糊与不确定的空间关系，借助基地的自然元素，形成树荫、光影与气流的交集。

3. 原建筑中千篇一律的阳台被改造为不同的框景与障景元素
4. 原建筑中加建的部分尽量被保留下来，融入新的设计逻辑中
5. 竹筋墙带来了柔和又丰富的墙面肌理

　　民宿中极其重要的公共空间，在原建筑中极为缺乏；原建筑外部景观资源又较为欠缺，于是空间的公共性只能由有机组织的楼梯井和首层空间来承担。由于砖混结构可改造的余地很小，楼梯间的体验与氛围就只能从内部争取。设计师将书架的新功能置入楼梯间，并将顶部和底部封上镜面，令楼梯与通天达地的书架在反复反射中形成绵延不断的视觉效果，凭空"拉长"了楼梯间的视觉高度。

俯视楼梯

6. 从三层走廊视角看楼梯与书架
7. 从三至四层间平台视角看楼梯与书架
8. 从二至三层间平台视角看楼梯与书架
9. 从四层走廊视角看楼梯与书架
10. 书架与扶手共同强调了楼梯的转折，并结合顶部与底部的镜面形成无限连续的空间幻象

10

对于一层空间，设计师们完整保留了三面大窗，令其隐退入立面的第二道层次，在新建筑中的存在也很和谐。建筑的二层至四层，原本是分隔明确的"隔间"式酒店。与其说这是"一个"建筑，不如说它是一个建筑体内一个个完整的不同房间的并列与集合。没有视觉连贯性的室内，墙体布置固定，阳台被挤出室内结构体系获得相对的自由。陌生反常的形式成为一种途径，让视觉上的整体性得到强化，避免了"隔间"酒店的过于封闭，让人意识到建筑是一个整体。

11. 房间内的长桌与床背板均取自同一棵香樟木
12. 部分房间被打通，设计为更舒适的套房
13. 香樟木独特丰富的纹理成为独一无二的装饰元素
14. 顶层的星空套房，屋顶梁架被强调出来

　　窗户之间的差异被前所未有地强调，进而带来了房间之间的差异。原建筑中千篇一律的窗洞与强行加建的阳台，转变为大小不同的框景、障景方式，以适应不同房间的气氛。加之室内选取的卵石、土布，现场设计、制作的家具陈设使用当地拆除的老木改制，使这些平面上看起来近似的客房在实际体验中却丰富自由，别具一格。

15

16

17

18

　　江南本地有用石灰混合草筋或纸筋抹墙的传统做法，经济有效。业主提出，想以处理过的竹丝替代纸筋。但是竹丝比纸筋和草筋更硬，设计师担心上墙后会突起影响使用感。与工匠共同进行了若干次试验后，确定了竹丝的粗细、长度与比例，保证涂料韧性强度的同时又不会突出墙面，作为"竹筋墙"，与纯白的涂料相比，柔和有质地，又富有本地特征。

19

15. 建筑阳台的差异被强调出来
16. 套房内的浴缸与对景
17. 改造后的建筑夜景
18. 美人靠的设计友好地提示客人不要踏入外部的露台
19. 竹根的细节

20. 前台空间以两道向下方向的半圆弧线限定
21. 建筑师从当地山上拣来干枯的竹根，切割处理，制作成"画作"
22. 桌面切割了半圆弧线，成为活泼有趣的设计元素
23. 改建后的大堂强调了空间通透感，成为重要的公共空间

改造的意义

对于乡村建筑来说，如何实现地域性和文化性是无法回避的话题。但在富裕却风格混杂的江南乡村中，传统与乡土在建筑形式上的直接转译反而推远了建筑与乡村的距离。云见精品度假民宿大部分的设计方法似乎是反"民宿"的，这是酒店回应真实乡村环境的另一种态度，也是设计师们寻找不同于传统乡村酒店设计态度的一次尝试。

20

1

鱼乐山房

久舍营造工作室

项目地点	项目面积	主创设计师	摄影师
浙江省杭州市	1100 平方米	范久江，翟文婷	赵奕龙，赵宏飞，范久江

设计团队

余凯，陈凯雄，黄鹤，李婷，孙福东，吕爽尔，董润进（实习）

项目缘起

　　鱼乐山房，是杭州临安太湖源的一对农民夫妇在自有土地上经营的老牌农家乐，经营十多年来积累了极好的口碑。出于经营上的压力，业主决定对山房的物理空间进行改造，以期提高盈利能力，并为客人创造更好的度假居住体验，让山房完成从农家乐到"高端"民宿的转变。

项目场地原状

　　不同于新建建筑设计，改造设计面对的现状问题通常更为复杂。山房所在白沙村位于天目群山环绕下的太湖源溪边，只通过一条省道与外界相连，颇如桃花源般与世隔绝。村庄周围景区繁多，旅游业发展很早，村内分布了众多形式各异的大小农家乐建筑。山房原主体建筑位于场地南部，坐南朝北，背山靠林，是个有四层半高，五开间的庞然大物。和 2000 年前后全国盛行的景区旅游建筑一样，以仿青砖贴面，硬山坡屋顶和雕刻精致的花格门窗扇等符号化的做法，构成了所谓"中式"的乡村农家乐风格。

　　建筑北侧的台地庭院约 15 平方米，与西侧山野有截水沟相隔，山上汇水经此由下穿的涵管排入溪水。庭院北侧是一片竹林，隔开邻居红砖搭建的住宅。庭院东侧边界比紧邻的省道高近 3 米，形成台地。上由约 3 米进深的传统双坡木构廊亭和一栋餐厅包间建筑作为台地的边界；3 米左右宽的台阶嵌入台地，作为场地主入口与下部省道的联通。台地东南角另有一栋两层高的餐饮辅楼（从省道看为三层），由外部楼梯进入上层。这些沿台地边布置的建筑在省道方向都呈现出 2 ～ 3 层的立面高度，主体建筑山墙面更是尺度巨大。

　　溪水就在场地东侧自北向南流淌，比省道又低 3 米左右，作为太湖的主源头之一，此溪每当下雨就水声隆隆，在原建筑内也听得见。省道夹在场地与溪水景观之间，交通繁忙，有一定的噪声。

1. 太湖源溪水方向视角
2. 改造前建筑原貌

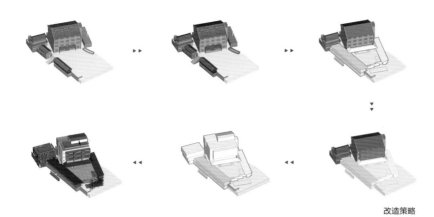

改造策略

项目改造之重见山水

综合这些信息，设计师们认为，稀缺的山水景观与地形高差是这块场地最具独特性的资源。但嘈杂的省道，模糊的场地边界，封闭的房间设置等，都让客人堕入繁杂的日常，而对山水"视而不见"。青山与绿水只是山房周围与省道、车辆混杂的背景而已，并没有成为值得欣赏的风景。

必须将"视而不见"的山水从混沌的环境背景中过滤出来，变成空间氛围体验的主题。只有这样，在山坳里的这一组大体量的建筑才有可能具备存在的合理性：它应能够与这片山水共舞，而不是像周边那些枉顾山水存在的农家乐建筑一样兀自高傲。"重见山水"成为改造的目标。

山水，作为中国人肉身与精神的双重家园，历代都为空间营造者奉为模仿再现的对象。特别是众多处于城市之中的江南园林，都在内部建立了一个超脱于外部世俗世界的山水空间。而该项目的场地，虽处山林之地，但自身周界封闭，周边村舍屋宇建造粗糙简陋、面貌乏善可陈，省道嘈杂繁忙，对于场所空间氛围的营造都构成很大损害。因此，设计师们需要将山房营造成为一个独立于外部世界的"小宇宙"。它不仅需要穿梭虫洞般幽深的入口才可到达；而且进入后的一切，都将远离尘世，只与山水共同呼吸。

3. 项目场地紧邻的山林与奔腾的溪水
4. 场地建筑原状鸟瞰，可看到溪水、省道、邻居住宅和场地内外的高差关系

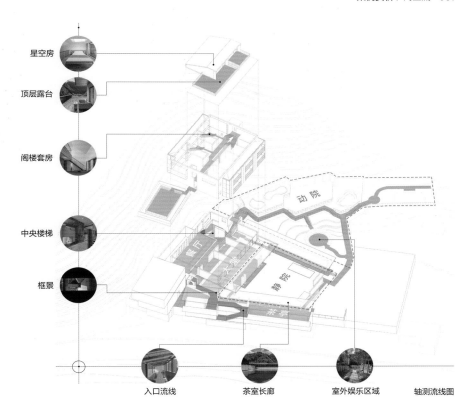

星空房

顶层露台

阁楼套房

中央楼梯

框景

入口流线　　　茶室长廊　　　室外娱乐区域　　　轴测流线图

区位图

立面人视图

5. 入口立面
6. 阶梯右侧窗下墙
及倾斜屋面下溢入
的山色天光，左侧
投下经木格栅过滤
的内院光线
7. 从阶梯转向主体
建筑山墙的非正交
转折
8. 入口阶梯到顶后
回看，溪对岸的山
景从打开的窗扇中
扑面而来
9. 入口折跑台阶溢
入的山景

界定的场地

对于这块场地来说，那么大的建筑体量以如此松散的状态分布，使得外部场地呈现一种碎片化的状态，并且与省道、邻居菜地和山脚野林混杂在一起，不利于形成独立有效的场所氛围。因此，改造的第一步便是对场地的重新界定。

顺应地形的现有高差，设计师们将原有外部场地空间划分为三个部分：外部的省道，正对主体建筑的内院与坡地上的山野。最靠外的部分是省道、场地入口及停车区域。作为进入场地的前导空间，边界台地的高差宣告着外部世界的终止。台地之上正对主体建筑的部分设定为内院，作为山居氛围营造的最主要场地，内院与主体建筑构成隐含的轴线，在场地内形成"正观"的观景方向。内院和省道、山野之间以明确的界面隔开，动静分区。而山野部分则提供了各种活动体验的空间需要，坡地地形也易于对不同的活动区域在标高上自然划分。场地经过重新界定，则内外有别，主次有序，动静相隔，一个内部世界的独立性与系统性才有可能被建立起来。

深悄的动线

原场地的入口动线非常直接，从省道直接冲上台地内院，从主体建筑景观面横穿了原本就不大的院落，大堂的主景观面被不断进出的客人穿破。从外部嘈杂省道进入室内的过程也缺少缓冲，很难迅速进入山居的平静状态。

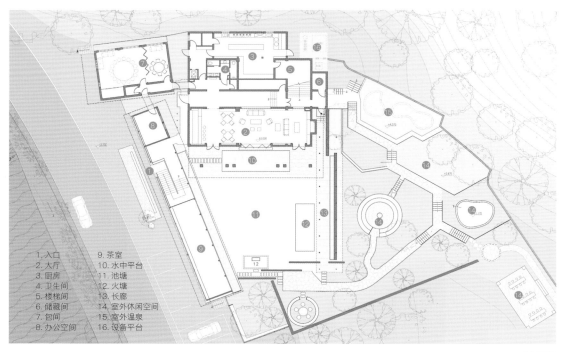

1. 入口
2. 大厅
3. 厨房
4. 卫生间
5. 楼梯间
6. 储藏间
7. 包间
8. 办公空间
9. 茶室
10. 水中平台
11. 池塘
12. 火塘
13. 长廊
14. 室外休闲空间
15. 室外温泉
16. 设备平台

一层平面图

10、11. LOFT 房内部
12. 顶层超大套间
13. 餐厅及外部山景露台
14. 普通客房山景，可见右侧洗手间泡
池也贴着阳台山景面
15. 阶梯空间，正对面玻璃窗内为早餐厅

　　改造中，设计师们保留了原主入口的位置，将它藏于一道台地与道路之间的新增影壁墙之后。再将原本垂直于台地的台阶改造为平行嵌进台地边缘的折跑阶梯，置入重新整合的现代木构廊架之下。这个沿省道边展开的木廊架占据了原来传统木构廊亭与独栋餐厅包间的位置，将入口台阶、廊亭活动和入口左侧的新增办公室整合在一起，成为一个 30 米长的水平超尺度界面。连续的可开闭木格栅窗扇系统从立面上统一了廊架内的不同功能；由廊架内延伸到外部的均质方木椽条也暗示了这个界面的深度，并削弱了后部主体建筑的外部高度；而连续窗扇下的水平披檐也将入口立面的视觉高度有效降低，台地的高差从立面被暗示出来。

由入口进入廊架，阶梯抬升的方向及上部屋顶的倾斜，进一步强化了地形的抬升与山景的高低。原本省道边的嘈杂氛围，经过影壁墙、木构廊架的基座，以及两段折跑阶梯中间的石块墙的多次阻隔后已得到很大程度的缓解。

随着爬升，外部的山景天光由廊架外侧的连续窗洞溢入，省道车流被窗下墙遮挡，但流动的溪水声回响耳边，客人在爬升过程中便逐渐产生了溪山行旅的意境；同时，内院的景致，也在廊架内侧细密的竖向木格栅的过滤下，渗透出碎片化的光影。

设计将四层楼主体建筑的主入口从北侧正立面转移到建筑东侧山墙——由木廊架、二层独立辅楼和主体建筑围合的三角形区域内。从阶梯上来一直到山墙边，动线出现了非正交的转折。这一设计，首先将陡坎和主体建筑山墙之间的偏角以动线的连续边界整合；其次，原本台地上细碎的外部空间也被动线切分为入口三角院和内庭水院，两个院子都拥有了迥异的气氛和尺度；再者，在三角院与内院重叠处的一条短边界面上，设计师设置了可以从一角窥视内部水院的横向窗洞，定格了内部水院可望而暂不可达的静谧画面。

16. 从三角过院中看入口路径转折
17. 主体建筑西侧的敞廊，带长凳的毛石墙隔开静院和动院
18. 大厅北侧主景观面

16

18

17

　　经过三角院落后，从主体建筑山墙面，进入建筑内的走道，原本廊院的荫翳变得更为昏暗，只有走道内部地面反射的外部天光。向右转进接待大堂，站在大堂正中向院落看去，视线豁然开朗：一片平静的水面从大堂外檐下铺陈开去，远山在水岸对面三道片墙与竹林后露出云雾缭绕的顶部，左侧的长亭，右侧水榭（从省道方向看为水平木构廊架）的细密均质的木格栅界面，都由水面倒映后使山水景观成为视野中的饱满主题。压低的大堂外檐、对称的立柱、青石铺设的平台，都让宁静致远的山居氛围得以在仪式感的观景空间内稳定呈现。至此，整条入口动线在经过遮隐、转折、抬升、停顿、窥视、远离、钻入、放开的一系列操作后，达到最终的效果。

　　这一全新入口动线的设计，使山景、院景和建筑自身构成的景观，以不同的面目呈现在体验者的面前。谨慎控制的光线和渐进叙事的场景强化着溪边地形的抬升与方向的转换，极大增加了山地空间的信息密度。从外部省道边的喧嚣，到折跑台阶的廊架，从省道一侧的高处山景，到被窥探一角但暂难进入的静谧水院，从荫翳的屋内廊道，到大厅正对的静谧山景，这种声音、重量、高度、光线的明显变化，密集地调动着客人的好奇心和期待感；多次转折也拉长了从入口到进入主体建筑的时空心理距离，近在咫尺的内院与省道仿佛山腰与山脚般遥远，一个独立于外部的山中小世界得以初步建立。

项目的静院和动院

静院与动院由一条带毛石墙的敞廊隔开，一平一坡，一静一动，一主一次，构成了静观山水与漫游山林的不同活动主题。

静院

大堂前的浅水池构成了静院的主体。它既体现了"空"——接近无物的禅意，又将山林与天空在咫尺间倒映，让人在压低的檐廊下更多看见的是其在水中与用原建筑屋顶的瓦片铺就的池底相映衬的虚幻倒影，一种太虚幻境的山水意境被宁静的半亩方塘激发出来。而同时，基地旁溪水的隆隆声响又时刻提醒着外部现实的存在，现实、想象与记忆在此混合，共同定下静院的场所氛围基调。

动院

山野一侧的动院原本是较为陡峭的山脚，设计师结合挡土墙的结构需求，以层叠的小片石砌台地化解高差，分别设置为烧烤篝火区、温泉泡池区等社交活动功能。各功能区由主动线串联，按私密要求高低布置。其低处一端靠近静院敞廊的毛石墙后方，在高处与主体建筑二层半楼梯休息平台的入口相连，在山坡上以几段台阶连接了三级台地。台地的轮廓和高度被精心控制，结合敞廊悬浮的屋面，使得静院和动院之间既有视线的联系，又不会在氛围上互相影响。

19

19. 动院高处的三层台地与远山
20. 从西侧敞廊看静院，主体建筑只能看见底层局部
21. 水面延伸到主体建筑檐廊之下，右侧为茶亭廊道
22. 从大厅对岸露台回看主体建筑

渗透的界面

在经典传统山水观念中，建筑与自然的界限，从来就不是封闭的，而是你中有我、我中有你的渗透状态。元代倪瓒的《容膝斋图》里的空亭更是这种态度的极致表达。为了让山房能传达这样的观念价值，改造中的另一主要动作，便是要打开原建筑封闭的界面，将山水景观大量引入内部。但同时，又要应对外部嘈杂省道与其他农家院的声音视觉干扰，以及自身客房私密性的问题。因此，设计师在改造中引入了一个界面系统。

茶亭的界面

茶亭作为山房场地与省道的分界，内外两侧的界面分别对应着低处的省道和高处水院，因此有着不同的做法。

茶亭的外界面位于省道边高处，既是山房最主要的沿街面，也是茶亭内部欣赏溪水侧山景的观景面。因此，设计师设计了一个由角钢和方木条组合的可以完全打开的连续平开窗扇。窗扇下部留有 1 米高的窗下墙，从外部看构成了下部圆竹修饰的基座的一部分，提高了基座部分的高度感受，从视觉上拉开了外部和茶亭内的距离；而从内部看山则有效遮蔽了省道和车流，只将山林顺着屋顶倾斜方向注入室内。

茶亭朝内一侧界面为连续的细木格栅固定单元，从内院看，细木格栅遮挡了茶亭的结构柱，纯净的细木矩阵与平整的沥青瓦屋面具有类似细腻质感的二维化界面，共同衬托着上部与背后渗透进内院的山林景观。从茶亭中看，这层界面在木柱后方，如织物般将内院的水色天光过滤，在内部地面与屋面上投射出细密的光影，水院景色呈现为一种边界模糊的梦境。

23. 台地高处看静院敞
廊与茶亭
24. 水榭朝外一侧为连
续可开启窗扇
25. 阳台内部看山林溪
水，右侧为完全打开
的客房立面
26. 三层和四层阳台构
成的完整板片化体块

阳台的界面

　　原建筑内的房间没有任何阳台，所有景观都只能从方窗洞中获取。改造中不仅将原外立面结构框架中的填充墙体全部打开，配以双层保温隔音落地玻璃门窗；并且借着原有框架结构增加出阳台。客房数量的改变（由 30 间减少为 15 间）和平面的变动使得正立面的客房卫生间也都拥有了景观面。设计师相应在 3 楼和 4 楼的客房阳台外部增加了细木格栅单元，不仅遮挡了外部直视卫生间的视线，还把阳台结构、门窗等常规建筑构件尺度隐藏，塑造了一个二维板片状的界面，超薄的构造和 2 层挑空的做法使 3 楼和 4 楼的阳台整体显得极轻，极大削弱了原有 4 层的巨大建筑体量。而外部的山水与阳台内人之间的距离也被无限拉近。

溪房的界面

原建筑辅楼的 2 层餐饮包间在改造中被设计为一个独立的溪景客房。如水院池底的瓦片一样，设计师再一次地利用了原建筑上的旧物，将业主舍不得扔掉的所有各个时期陆续制作的老雕花木门窗扇测绘统计，经耐候处理后，再把它们以幕墙的方式组合挂在了这个辅楼的立面上。不同位置的木门窗扇在环境作用下，形成明显的色差，拼贴在一起后出现了一种时间和空间上的重置；原来身体尺度的门窗，也作为建筑立面材料，在身体尺度与建筑尺度之间建立了想象。

在溪水观景面，设计师将这个拼贴的界面穿破，溪房的阳台如巨石中的洞口，构成了沿省道界面最具识别性的形式，从溪房阳台看出时，便有了于山洞中观山水的意境。

茶亭、阳台、溪房的这个界面系统，在外部山林的自然和建筑室内之间增加了一层呼吸渗透的缓冲层，山水自然与室内也不再是外部和内部这样简单的分割。它不仅从感官体验上起到空间的界定作用，而且将界面两侧用不同的策略重新建立起新的联系。

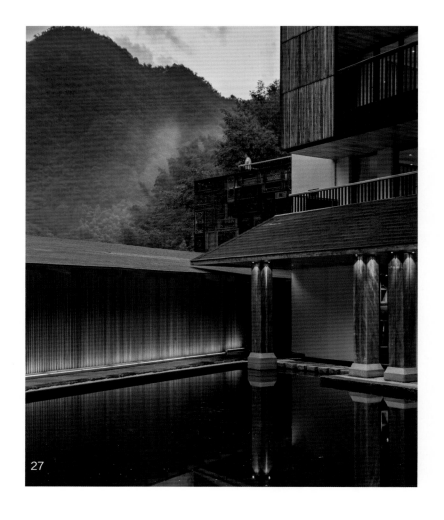

27

28

项目改造总结

　　至此，经由场地的界定，动线的转折，界面的渗透，结构的改造与内部平面的调整。原本"视而不见"的山水被重新从外部和内部同时看见，建筑和场地自身也融入了环境与过去，成为与山水共生的一部分。山水不仅被重新"看见"，某种意义上也被再次"重建"。

29

27. 从内院长亭外水中露台回看溪房
28. 从溪水对面看溪房
29. 溪房阳台内景，下部可见溪水

大山初里

小大建筑设计事务所

项目地点
浙江省杭州市桐庐县大山村

项目面积
1400 平方米

摄影师
堀越圭晋 / SS

设计团队
小岛伸也，小岛绫香，北上纮太郎，赵彦，胡志德

原建筑概况

　　作为散落在村落中的民宿酒店，建筑语言理应要与周围村民家的景观相呼应。当地民房大多采用夯土墙，但被传统土墙包围的空间会有闭塞感，也无法从室内感受到周围美丽的景观。如果只使用保守的手法重建夯土墙形成的村落，也许就无法吸引游客了。如何平衡丰富的自然环境（开阔的视野）和呼应周边既有村落（封闭的土墙）这两个矛盾的条件，便是这次的设计课题了。设计师要将坐落在杭州桐庐大山村中的六栋荒废建筑，再生为全新的民宿项目。

实地考察项目

　　大山村顾名思义坐落在山间，建筑沿着山脊朝向不同的角度，高低错落。虽然各栋相隔距离不远，但由于它们之间不正对，几乎所有的建筑物都有眺望向山脚美景的视野，为居民营造了良好的居住环境。在这座山上，可以行走的部分仅局限于简易铺成的石路。在这条路上来来回回走了几天后，设计师们发现每一栋房屋都有几个看上去感觉不错的角度。他们设定每栋都留下 50% 的土墙，剩下的 50% 使用来自当地不同的材料，试图顺其自然地打开建筑物。在探讨将从外部看到的主墙面制作成土墙时，他们发现有的建筑物似乎像被自然界所贯通一样，有的建筑物二楼的土墙仿佛飘浮在空中，像盛开在这片土地中的建筑群。

1. 建筑外观一角
2~5. 项目原图

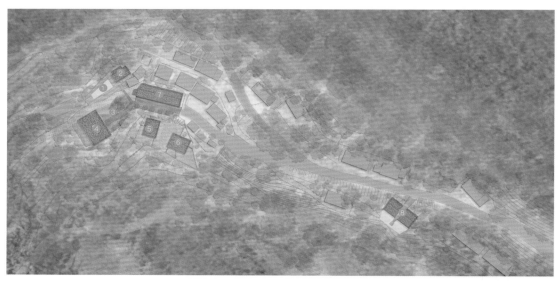

大山初里总平面图

1. 户外游泳池
2. No.12 酒吧 / 休息厅
3. 户外广场
4. No.10 客房楼
5. No.7 客房楼
6. No.9 客房楼
7. No.5 前台咖啡休息厅 / 餐厅
8. No.34 客房楼

建筑新面貌构想

　　这次的建筑改造给当地农民房增加了一些变化，撤掉一层空间使一楼公共空间与室外贯通或在一楼公共区域插入墙体围合成一个建筑区域，围墙的使用材料也是当地的材料，与周围环境更加融合。根据山体本身的高差插入一个物体，设计特殊的进入方式，根据人的行动路线设置围墙，拓宽原来的建筑领域，内外一体化，显示中国新农村的建筑面貌。

6、7. 鸟瞰图

改造项目与当地融合

　　设计师们在建筑各部分别使用了当地不同的材料，比如竹子、红砖、岩石和碳化木，以突显每一栋建筑独特且有魅力的地形特征。在一栋楼中保留能充分享受大自然的休息空间（起居室）并利用传统土墙包裹安静的私密空间（卧室），以满足相反的两个设计需求。在希望根据各建筑物的特点使用当地常见材料的同时，也考虑了深山中建筑材料运输的困难，所以尽可能地在当地采购或再利用材料，比如土壤，石材等。这样既可以让整体建筑群融入农村景观，也能利用每栋建筑的特色材料由内而外地延续和自然景观相连的空间，营造出一个丰富又静谧的环境。

1. 接待区
2. 休息区
3. 楼梯／书架
4. 咖啡吧台
5. 办公区
6. 储藏室
7. 卫生间
8. 供给区
9. 员工宿舍
10. 储物柜
11. 洗衣房
12. 盥洗室
13. 餐厅
14. 私人空间
15. 厨房

No.5 前台咖啡休息厅／餐厅

8. 接待休息 / 餐厅外立面
9. 木质门、窗框
10. 餐厅二楼视野
11. 餐厅二楼内部新与旧的结合
12. 一楼接待休息区域

13

改造中灯光的使用

　　村庄地处山间，夜晚没有来自周围环境的灯光，即便是最小的照度也能使人充分感受到亮度。因此，设计师将能大面积照亮整个空间的照明（例如筒灯）控制为最少，尽量采用质地柔软的伞形照明（例如落地灯和台灯）。它们将无缝的墙面、天花材料和弧形转角照亮，柔和的光线和阴影包裹着整个房间，更增加了空间的温度与舒适感。

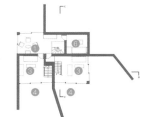

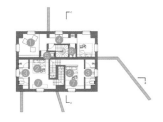

1. 公共起居室
2. 公共露台
3. 客房起居室
4. 客房露台
5. 睡眠区
6. 公共放映室
7. 浴室

No.7、No.9 客房一层平面图

1. 客房起居室
2. 客房卧室
3. 浴室
4. 盥洗室
5. 卫生间
6. 淋浴间
7. 阅读区
8. 空闲区

No.7、No.9 客房二层平面图

13. 外观
14. No.7、No.9 客房夜景
15. No.7、No.9 客房晨景
16. No.7、No.9 一楼视野
17. No.7、No.9 二楼卧室
18. No.7、No.9 二楼卧室视野
19. No.7、No.9 客房与原有建筑及场地的结合

No.10 客房一层平面图

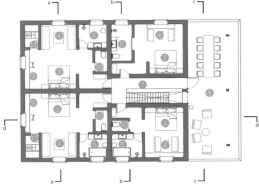

No.10 客房二层平面图

20

21

1. 公共起居室
2. 公共餐厅／厨房
3. 客房睡眠区
4. 客房起居室
5. 浴室
6. 公共室外露台
7. 走廊
8. 公共阳台
9. 书房
10. 卫生间
11. 衣柜

22

20、21. No.10 客房起居室
22、24. No.10 公共室外露台
23、25. No.10 外立面
26. No.10 公共休息区

27

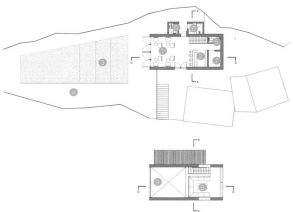

1. 酒吧区
2. 吧台
3. 室外游泳池
4. 泳池边露台
5. 卫生间
6. 浴室／更衣室
7. 储物柜
8. 酒吧沙龙
9. 空闲区

No.12 酒吧／休息区／户外游泳池平面图

28

29

1. 起居室
2. 主卧
3. 次卧 / 榻榻米
4. 浴室
5. 露台
6. 走廊
7. 储藏室
8. 楼梯
9. 室外品茶区
10. 主楼梯

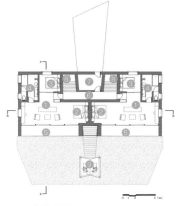

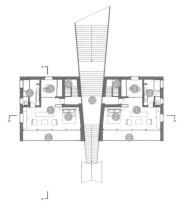

No.34 客房平面图

32、37. No.34 室内品茶区
33. No.34 卧室
34. No.34 室外品茶区
35. No.34 室外品茶区夜景
36. No.34 利用当地竹子材料完成通向室外茶室的通道

设计师的愿景

设计师们希望这些融入自然风景中的建筑，能成为大山初里的
客人遇见村落不同风景的美好契机。

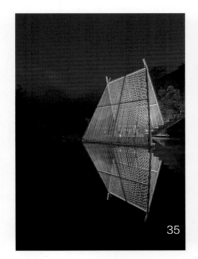

花舍山间

原榀建筑事务所 | UPA

项目地点	项目面积	主创设计师	设计团队	摄影师
北京市怀柔区	158 平方米	周超	邓可超，张航，覃思源	直译建筑摄影 / 何炼

场地与环境

　　花舍山间位于北京怀柔九渡河镇石湖峪村，该村坐落于著名的水长城景区脚下，周边山脉绵延，风景十分秀丽。基地为一处典型的北方院落，北侧为有着百年历史的住宅建筑，南侧为方形的院子，基地东侧和南侧视野开阔，远眺绵延的山脉，能看到蜿蜒的长城。

　　老房子为木结构承重、砖石围护的建筑，曾经作为电视剧的取景地，出现在电视屏幕中。如今，这栋院落早已无人居住，变得凋敝不堪。民宿主人是一对音乐制作人和工程师兼花艺师的 80 后夫妻，尤其男主人在童年时期曾在村庄里度过，他对这里的一草一木有着特殊的感情。他们希望将所擅长的花艺活动在此处展现，将这里打造成为一处兼具民宿和社交功能的院落。

建筑的新旧并置

　　原有的房屋由一栋五开间的主体建筑和一栋两开间的附属建筑组成。房屋的进深很小，约 4.2 米，空间非常紧张。原有建筑显然无法满足新的功能要求，需要对其进行适当的加建。设计师在东南角扩建木结构的多功能厅，贴紧原附属建筑，让附属建筑和木结构的一层内部连通，二者连成一体形成了厨房和餐厅空间。木结构的二层为茶室和观景露台，可将远处的长城景观纳入视野。

　　同时，将原主体建筑改造为三间客房，每个房间加建一个观景盒。这三处观景盒尺寸各不相同，让室内空间尽可能向外延展。三个观景盒的内部采用钢结构，外部使用松木板包裹，让它们漂浮在地面上。轻型建造的方式，在新和旧、重和轻的强烈对比下，老房子重新获得了新的生命。

1. 月下的花舍山间
2. 改造前建筑原貌

项目改造策略

　　老房子的改造策略为保留原有木结构，更新部分外界面。设计师将东西两侧、北侧的石头墙体完全保留，而将南面的外墙全部改造，并合理地组织了出入口、窗户和观景盒。拆除了原有破败的屋顶，增加了保温层和防水层，增加了可以看星空的天窗，并将原有的小青瓦回收再利用。

区位图

3

4

3. 鸟瞰图
4. 室内空间的延伸

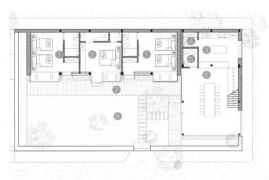

一层平面图

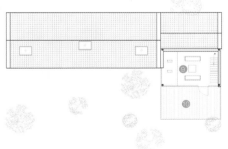

二层平面图

1. 标间
2. 大床房
3. 厨房
4. 仓储间
5. 洗涤间
6. 咖啡厅
7. 防腐木平台
8. 公共庭院
9. 茶室
10. 防腐木平台

5. 花舍山间夜景
6. 庭院景观
7. 漂浮的盒子

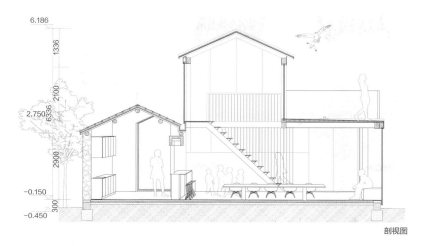

剖视图

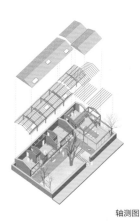

轴测图

7

老房子代表着历史和记忆，如何让新建部分对老房子的影响降至最小，是设计师从设计一开始就思考的问题。最终，设计师继续沿用了轻型建造的方式，这是设计师多年以来一直研究和实践的方向。加建部分采用原木结构，用金属件和螺栓连接，在较短的时间内即可装配完成。二层的木结构局部后退，保留了南侧院墙处的一棵枣树，既减少对庭院的压迫感，也形成了一处位置极佳的观景露台。在尊重历史与当代机能的巧妙改造下，既保留了老房子的迷人特质，又让"家"的感觉仍然在此驻留。

8. 加建的木结构房子
9. 席地而坐的平台
10. 客房室内
11. 照进客房的阳光
12. 客房天窗
13. 老房子立面

17

18

14. 庭院一角
15. 客房入口
16. 看得见长城的露台
17. 咖啡厅室内
18. 二楼窗景

19

19. 玻璃反射植物，景观与建筑融为一体
20. 庭院日景
21. 二楼室外的美景

建筑和自然的融合

　　整个改造围绕着建筑和自然的关联展开。一方面，采用木结构加建，因木材是一种自然的材料，而且老房子本来就是木结构承重的；另一方面，设计师想让自然更好地渗透到建筑内部，加建部分采用了大面积的玻璃，形成了若干取景框，让内部呈现更开阔的视野，建筑和自然能更好地对话。透过玻璃，这里有着最美的山间景色，四季变换着不同的色彩。透过窗纱，远山如黛，阳光洒在茶室的玻璃上，耀眼而明艳。坐在窗边，沏一壶茶，听风、看云、望长城、看星空，等云团被染成一簇一簇的金色。院子里还保存了原有的几棵柿子树，每到深秋时节，柿子树会结出红彤彤的小柿子，如同一个个小灯笼。业主在院子里精心种植的鲜花，让这里成为一处近看花团锦簇、远看长城逶迤的特色民宿院落。

白石酒吧

三文建筑 / 何崴工作室

项目地点
山东省威海市环翠区张村镇王家疃村

项目面积
120 平方米

建筑师
何崴

摄影师
金伟琦，何崴

合作单位
北京华巨建筑规划设计院有限公司

设计团队
陈龙，张皎洁，桑婉晨，李强，吴礼钧

项目改造大背景和格局

　　该项目位于山东省威海市，是一个有百年历史的小村庄。一方面村庄原始格局完好，传统风貌明显，具有很高的文化和旅游价值；另一方面随着农业的衰败，人口的迁出，大量房屋闲置，活力不足。此外，村庄公共空间和旅游配套设施缺乏，也是亟待解决的问题。

　　本案在对村庄整体规划的基础上，选择 4 组建筑进行改造。新建筑分别为：一处酒吧 / 咖啡厅，一个集教育、展览、图书馆为一体的文化建筑——美学堂，及两处民宿。两组公共建筑与两组住宿相互支持，并与村庄原有资源相结合，完善了村庄的旅游产业。同时，新的公共空间也成为激活乡村的触媒（catalyst），为当地人提供了交流的场所。

1. 改造后的建筑
2~4. 改造前现场照片

项目全景手绘图

项目概况

　　白石酒吧由王家疃村中的一座普通民房改造而成。建筑本体并没有过多特征，吸引设计师的是它所在的位置和与环境的关系：建筑位于村口附近，周边建筑多为老民居，毛石墙体，厚重朴拙，且建筑与建筑之间彼此连接，密度很高。与老建筑不同，原建筑并不是传统形式，体量不大，建筑只有一层，最初为平顶，后因为风貌原因加建了坡屋顶；墙面为白色涂料，这与周边厚重的气氛显得"格格不入"。

　　建筑和其他建筑不连接，保持一定的距离，具有很好的视距。更为独特的是，建筑依溪流而建，挑出的外挂廊跨在水面上，显得轻松、飘逸，具有很强的识别度。这些特点都给建筑改造提供了灵感。此外，闲置的状态也保证了改造的可实现性。于是，设计师选中了它，并准备将它来个大变身。

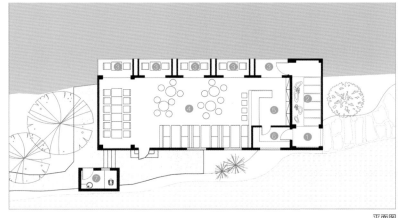

1. 入口
2. 入口灰空间
3. 橱窗
4. 用餐区
5. 吧台
6. 工作间
7. 洗手间

平面图

5~8. 白石酒吧施工过程图

改造后的风格

　　新建筑的风格不希望复古，相反，设计师说："要是新的！"新建筑应该为老村庄提供不同以往的新气象、新血液，正如它未来将服务的人群一样——年轻、浪漫，甚至在某些时刻有少许的躁动和性感，白石酒吧要成为村口的一道亮丽风景线；同时，它又应是属于王家疃村的，对原建筑重要信息的保留，体量的控制和外观的平静，都确保新建筑在另类之余，仍可以和老建筑们顺畅地对话、共存。

改造过程中的减法和加法

原建筑的自建性和原真性是设计团队考虑的第一要素，存在即是合理。如何在保持原建筑特征的基础上对其进行改造，使其符合当下的功能和形式风貌，是本案设计的关键点。

首先是做"减法"，清理、拆除原建筑加建部分，包含临时搭建的厨房部分及上一轮乡村美化所加建的屋顶，当这些"粉饰品"被彻底清除，显露出来的即是真实的"建筑本质"。

然后是做"加法"。在乡村的设计实践中，关键的是平衡多方的利益关系，包含居民、政府及运营方。乡村设计需要尊重既有现实和居民的利益，在改造的过程中不能产生使用面积的减少，从而损害居民的利益。遵循此原则，设计团队在房屋的东西两侧各增加一跨新建筑，从而弥补了拆除厨房损失的面积，同时为建筑的入口创造出一个可供缓冲的灰空间。通过"补齐"的手段，强化原建筑因自建所偶然形成的"现代性"的建筑体块。

原建筑　　　拆除厨房和后加屋顶　　　拆除后　　　插入新体块　　　形成新体量　　　最终效果

9

9. 建筑北立面与古民
居隔河相望
10. 建筑借助原来的阳
台，出挑于溪流之上
11. 酒吧入口立面

建筑立面的不同尝试

　　在此基础上，设计团队对不同建筑立面进行了深入的讨论：朝向河道的一侧，挑出的阳台成为设计团队关注的重点，4 个独立的、橱窗式的"盒子"被插入到阳台和挑檐之间的灰空间中，原建筑的牛腿梁被小心地保留、暴露，与新加入的盒子形成咬合。设计有意地将改造后的建筑立面与现代主义经典建筑相呼应，其实原建筑就很"现代主义"。新形成的 4 个景片式的展示窗口，与隔河相望的传统民居形成戏剧性的"看与被看"关系。通过建筑对古村的"框景"，及古村对建筑内部的"窥视"，创造出一个新旧交流的"非典型"关系。东侧和西侧立面则采用了半通透的花砖，在特定时间会形成有趣的光影效果；同时，花砖的手法，也成为民居与新建筑之间的介质，拉近了彼此的距离。

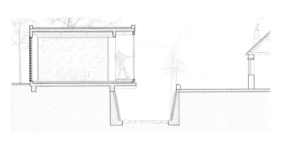

剖面图

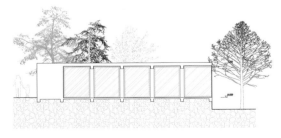

立面图

室内设计元素和照明

　　建筑室内设计延续了"白"的设计元素，采用水磨石、镂空砖、白色钢网、原木为主要空间材质，创造质朴又略显粗粝的空间气氛。白色成为空间的基底，如同留白，为未来创造了多种可能性。"橱窗"地面采用不同色彩油漆，在光线的照射下出现鲜艳的色彩，并反映到白色空间，巧妙地体现出酒吧的活跃气氛。

　　夜景照明主要以建筑内透光为主，在古村暗环境的笼罩下，内透的方式使建筑内部的活动在主街上很容易被看到，建筑内外活动的看与被看关系得以翻转。这样的处理加强了酒吧这一新业态在古村中的戏剧性和影响，也使白石酒吧成为古村"夜间生活"的第一聚焦点。

12. 室内空间
13. 酒吧吧台
14. 西侧立面的光影增加了室内空间的活跃性
15. 西侧立面则采用了镂空花砖，在特定时间会形成有趣的光影效果
16. 新形成的 4 个景片式的展示窗口，与隔河相望的传统民居形成戏剧性的"看与被看"关系

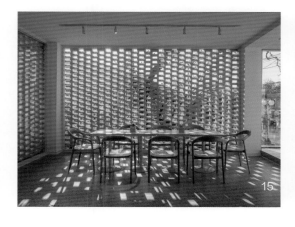

改造后的现状

改造后的白石酒吧依旧保留甚至强化了自己的"个性"，它与周边植被覆盖、小溪穿行的自然环境，厚重朴实的古村人文环境均产生了强烈的反差及对话。如此强烈的视觉冲击力和标志性使得白石酒吧成为王家疃村对外传播的一道难忘印记和助力王家疃乡村旅游的重要节点。同时，设计过程中对于新与旧、看与被看、真实性与装饰性的关系讨论，也针对当下乡村建设中广泛存在的类似建筑改造和再利用的话题提供了一个小小的参考。

17. 酒吧入口，用花砖的手法形成半透明的灰空间
18. 透过橱窗看古村场景，与白石酒吧的现代感相呼应
19、20. 色彩模式，在特定时刻，可以通过不同的照明模式，形成不同的气氛

18

19

20

　　夜幕降临，王家疃村依旧按照往常的生活节奏，慢慢平息了一天的忙碌。与往日不同的是，白石酒吧的出现让原本寂静的乡村有了一点活跃。人们可以不用纷纷赶回城市寻找食物，终于可以端着一杯啤酒，欣赏里口山的晚霞，也可以在山风中回忆童年的星空。白石酒吧就像是一个稍显躁动的年轻人，白天里，它与老建筑一起争锋；夜晚，当老人家们都已隐于夜幕，它还不舍睡去，悄悄地向周边发出邀请，希望和大家分享自己的故事。

春沁园休闲农庄生态大棚改造实践

米思建筑

项目地点
江苏省仪征市真州镇清水村

项目面积
6800 平方米

摄影师
丛林，米思建筑

设计团队
唐涛，周苏宁，吴子夜，尉竹君，彭斌

项目概况

　　2017 年米思建筑受春沁园生态农场的委托，对仪征市北部清水村生态农场中的一座阳光大棚进行改造设计。农场主希望以较少的投入对其功能进行调整，以宴会厅作为主要使用功能，将其利益最大化。阳光大棚本体是乡村农场中常见的混凝土基础、轻钢结构加阳光板的建筑形式，作为培育经济苗木所用。经过实地调研，我们发现，该项目本身比较孤立，周边环境以未经开发的乡村为主，亦无独特的自然和人文景观，城市人口到达也不是十分便利。因此，如何突破种种限制条件，尽可能挖掘项目本身的潜能，并找到提升空间价值的突破口，有效激发当地乡村的活力，是设计师在整个设计过程当中需要思辨和解决的问题。

1. 生态大棚入口
2. 原场地照片

设计概念

　　设计始于乡村，终于乡村。设计师的设计概念源于一个乡村场
景：蓝蓝的天空、无垠的田野、蛙声蝉鸣、树荫下空气的芬芳沁人
心脾。它吸引你靠近、驻留，或憩息、或玩闹。日月盈昃，寒来暑往，
你能感受到它的庇护，也能感受到自然的力量。

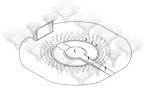

场所多样功能组合分析

项目空间营造

设计一改常见的中轴"一"字式宴会空间模式，调整为以中心舞台为基点的圆形放射型宴会空间，形成场所的向心性与均好性。赴宴之人不再有主次之别，轻重之分，均能感受到宾至如归。材料选择上因地制宜体现乡村元素，利用农场中种植的红豆杉苗木围合场所空间形成真实的林荫背景，红豆杉释放氧气提升了场所的气候条件。黄褐竹编织成十二个树形立柱，不仅隐藏了原有建筑的钢立柱，削弱了其工业痕迹，同时也以抽象形态呈现出大树底下的空间形态，形成林中的宴会厅。地面采用水泥抛光路面，青石子地面、草地、花田综合处理。功能上服务与被服务空间一目了然，流线合理，互不干扰。

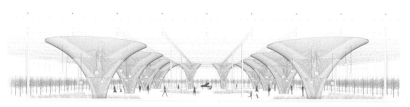

7. 中心舞台
8. 生态大棚顶视图

剖面透视图

1. 大厅
2. 咖啡厅
3. 厨房
4. 多功能厅
5. 活动区
6. 辅助空间

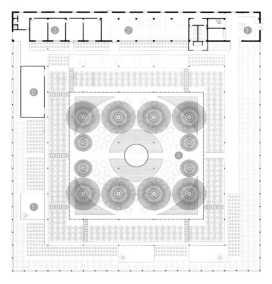

大棚平面图

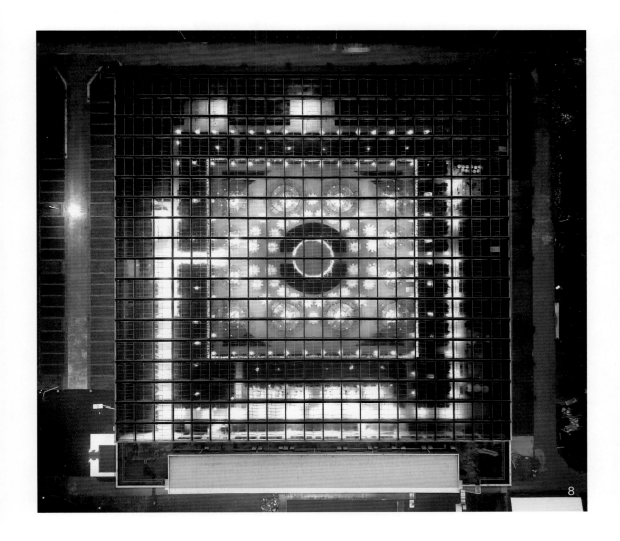

项目功能转型

　　进入运营阶段后，人们惊喜地发现真实的社会活动需求远远超出了设计的预期。最初设想的空间仅仅作为婚礼、生日等宴会功能使用，如今被更广泛的社会活动需求所选择，如地方马拉松队年会、乡村歌手的音乐演出、娱乐节目的会场，今后还将有企业产品的发布会。这些客观的、真实的社会活动需求为农场产业转型提供了额外的契机，人们慕名前往，使它的用途更加多元化，更加出人意料，这将不断提升它的价值，同时也为这片乡村带来了更多的活力与激情。

9. 生态大棚多功能厅入口
10. "竹伞"
11. 多功能厅"竹伞"与"星空"
12. 生态大棚改造多功能厅

13

14

13~17. 生态大棚改造多功能厅活动场景

关于项目改造的思考

　　对空间的追求是建筑师与生俱来的信仰，空间以感性为起点，以理性为终点，当它建成后，它就静静矗立在那里，注视着上演的一幕幕真实的场景，启幕谢幕，风起云涌，它岿然不动。绝大多数时候，建筑师为它安排了某些具体的、特定的功能，比如本案大棚中的宴会厅；然而更多时候，它不一定会按照建筑师导演的轨迹前行，它也许能够承担更多的职责，发挥更大的能力，体现更多的价值。这是设计能够带来的价值，也是设计师一直希望看到的——设计为社会、为乡村带来的真正改变。

计家墩村民中心改造

原筑景观

项目地点
江苏省昆山市计家墩

项目面积
2000 平方米

设计团队
闫明，赵明希，宋旭，钟荣洁

摄影师
田方方，闫明，仇银豪

委托方
乡伴计家墩文化发展有限公司

项目自然概况

　　计家墩村位于富饶的昆山，四周被稻田包围，有两三条水道穿行其中，是一个典型的江南水乡。改造的目的是营造一个城市人梦想中的"乡村"：安静、田园、放松、有趣，服务于从上海开车一小时来这里体验乡村生活的都市人。

建筑改造设想

　　设计任务是改造并加建位于村口的村委大楼，让它成为未来"村民"的公共活动空间——未来这些空间会出租给小商户来经营酒吧、咖啡馆、商铺和工坊。业主的要求是：要有作为餐馆的大空间以及配套厨房，每个经营场所需有配套的室外空间，使有限的空间可以承载更多活动。

　　村民中心虽然地处昔日乡村，但未来却要面向来自周边城市的假日游客，业主、设计师和使用者均来自城市。因此在设计最开始，设计师把村民中心定位为"乡村里的城市建筑"。设计师们与业主一同确定了从空间操作入手的工作方式，营造从大到小、有级差关系的一系列空间，并创造尽可能多的积极的公共空间。这种使用功能的不确定性一直延续到了建筑落成之后：原来计划用作餐厅的大空间被作为展览和活动空间，而每个小房间也都承载了远超预期的功能。

2

1. 建筑南立面
2. 建筑改造前原貌

原建筑状况

改造前的村委大楼与都市人主观印象中的江南水乡有很大出入——它和大部分政府建筑一样，布局紧凑、外观平实，特别是建筑四周都是八米高的墙面，刻板地区分了建筑的内外。双坡层顶、两层钢筋混凝土框架结构，屋脊离地十米高，是整个村子最高大的建筑。村委大楼建于 20 世纪 90 年代，屋顶用了青瓦坡屋顶，威严而高大，作为公共建筑，却让人没有停留的欲望。

然而，整个村子却非常开放，沿着小巷走走就会发现这里的公共空间有机而又动人：沿街的界面时不时地会出现惊喜，一些积极生动的小空间面向行人，让建筑的界面不再冰冷。有些建筑的背面和山面稍加改造，形成了新的空间，让邻居们可以在此小坐。

建筑改造策略

从这些生活中的改造得到灵感，设计师们总结了如下改造策略。

① 打破工整对称的方盒子、消除原来的空间权利关系，降低建筑立面尺度、破除冰冷傲慢的姿态。

② 让进村的步行主路从建筑中穿过，让建筑的室内外空间都连通成为村子公共空间的一部分。

③ 彻底颠覆建筑内外的刻板分割，让室内外连通，建筑内是室内花园、建筑外是室外客厅，人的活动由室内延伸到室外，由室外流动到室内。

④ 把建筑四面全部向周边打开，让周边的消极空间变成面向并且服务于外侧的积极空间。

⑤ 强调建筑的城市性，让其从在外面被观赏的一块"雕塑"变成从内部被经历的一座花园。

3、4. 当地传统风格的街景
5. 入口廊架

5

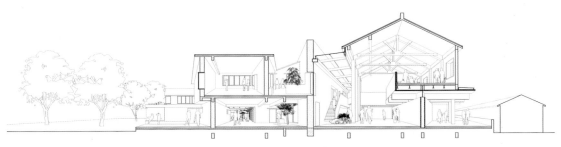

建筑剖面透视图

建筑空间改造理念：室内和室外空间的对话

　　通过结构改造和加固，把旧建筑一层的梁和楼板锯掉，让旧建筑呈现出其最大的空间潜力———个 10 米通高的单跨大空间。这样进一步模糊室内外的边界：室内大厅对于室外空间来说仍然是室内，而对于小房间来说，这里却是有阳光和植物的室外，使其成为村子公共空间的一部分。

建筑南侧空间的打开

通过顶部结构加固，把旧建筑南立面的五开间彻底打开，并在原建筑南侧 3.6 米处加盖一堵高墙，让其成为新的空间界面。这样一来，原来隐藏在墙身中的钢筋混凝土框架结构柱显露出来，成为空间中的主角，并且保留了原来的混凝土肌理和立面大梁被锯掉后在柱子上留下的切口，让建筑改造的操作得以体现。

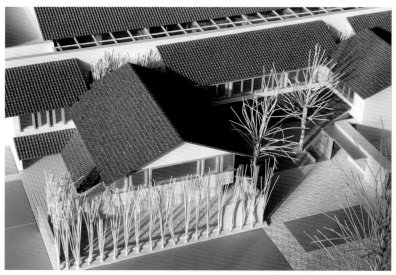

6. 建筑南侧立面
7. 入口空间

建筑南侧加建模型

6

7

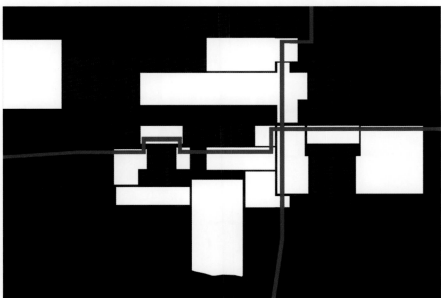

首层穿越建筑的公共空间

建筑北侧空间与原建筑的交融

　　原建筑北侧一排低矮的民房和建筑之间有一条三米宽的巷子，使用率很低。设计师把建筑北侧首层墙体向建筑内侧移，打破了原有建筑边界，让街道走进建筑，让民房和墙围合成尺度宜人的檐下空间。

8

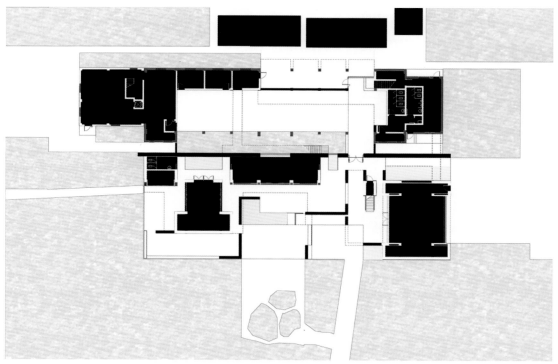

一层平面图

建筑空间之间的连通与过渡

　　在旧建筑前加建四组角部相连的坡屋顶房子，围合出四组互相连通的院落，空缺处形成两层贯通的天井，让上下层空间在多处连通。在新建部分做一层挑檐，降低尺度，并定义出一层的室内外连通空间。建筑南侧的树木和田地自然流入院内直至室内，进一步挑战既定的建筑院落内外关系。

8. 建筑北侧展廊
9. 改造后的室内中庭
10. 裸露的混凝土柱

入口处通过院墙的开口与铺装的边线界定出既属于院内又属于院外的空间。在主庭院与入口庭院之间设计了一个双面廊，两侧都可坐人，角部打开形成可以一人通行的门，门向侧面一拐变成人眼高度的窗，可以从院外窥向院内。门向下一卷即可形成跨在水面上的桥供人通过。这样一个既是廊，又是门，又是桥，又是窗的构筑容纳了坐、窥、行的几组行为，让两个院子之间产生了多种不同方式的连通。

11. 改造后的室内中庭
12、13. 二层天井
14. 屋顶平台及连通廊道

建筑二层的两处屋顶平台通过空中连廊与室内外的二层走廊连通形成环线。该环线同时连通了室外一系列的天井和二层室内平台，穿行其中会时刻通过观察质疑并确认自身在空间中的位置，带来迷宫似的体验。

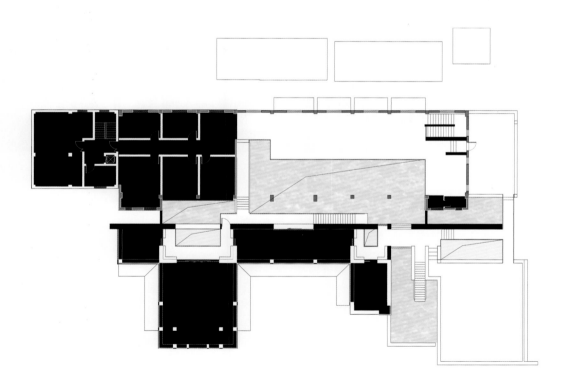

二层平面图

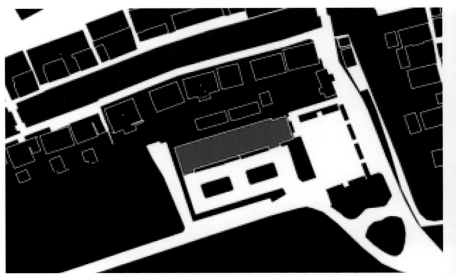

改造前建筑平面图

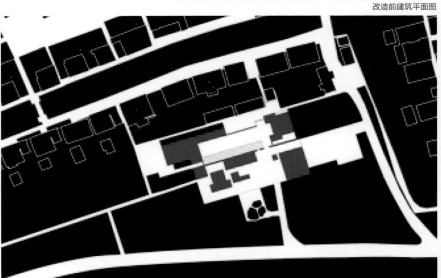

改造后将公共空间引入建筑

建筑要实现与人的融合

　　建筑可能很难用一张或几张照片去概括，也可能无法简单地用一段叙事或概念去抽象。尺度的感知、空间的次序和身体的经验这些最有趣的部分都是照片、图纸以及文字所无法传达的。它们强调一种身体的在场经验，抵抗对于建筑的抽象、概括以及传播。只有置身于建筑之中，在其中漫步，才能体会到照片无法描述的部分，也许这些部分恰恰是建筑在被媒体过度消费的年代里最为珍贵的品质。在设计中，设计师们希望强化这种人的身体与建筑的互动以及人的经验在建筑中的积累，于是他们设计了一座需要用身体去经历的房子。

15

15.打破建筑固有形态

蒋山渔村更新实践

米思建筑

项目地点　　**项目面积**　　**设计团队**
江苏省南京市　　385 平方米　　吴子夜，周苏宁，唐涛，刘漫，毛军鹏

摄影师　　　**文稿撰写人**
侯博文　　　　吴子夜

项目改造初衷

　　在现代城市化浪潮的冲击下，乡村没落成为一个不可回避的现实问题。米思建筑受南京高淳蒋山渔村的委托，以满足原住民对现代功能和文化生活的需求为最基本目标，制定了乡村更新计划。希望从乡村本原的"人"的角度出发，用片段式的改造和建设来改变这个固城湖畔的小渔村。

1. 建筑的"新"与"旧"
2. 书舍外立面

项目改造过程

　　蒋山渔村更新计划的第一阶段由两个部分组成，分别是对空置老宅的改造和乡村公共设施的建设。

老宅改造

　　老宅改造是更新计划的重点所在。设计师最大限度地保留了这栋村中少有的古老宅院的外在形态，希望能强调地域特征和文化传承的重要性。同时对建筑内部进行颠覆性的功能置换和空间重构。一个包裹着天井的书架和一个面向庭院的玻璃茶亭植入其中，它们不但成为空间活动的中心，更是打破了室内外的界限，为原本昏暗的老宅引入了阳光和自然，使其成为村庄邻里交流和文化交融的新场所。

1. 蒋山书舍
2. 村口公厕
3. 树林公厕

总平面图

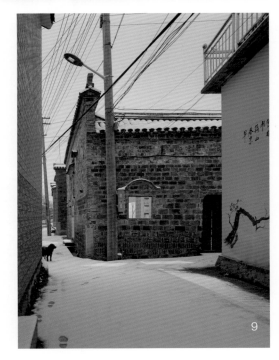

3~7. 项目改造前原貌
8. 书舍鸟瞰图
9. 建筑融于村庄之中

1. 书吧
2. 天井
3. 储藏室
4. 厨房
5. 卫生间
6. 玻璃茶亭
7. 内院
8. 客房

书舍平面图

10. 天井冥想空间
11. 大厅书架及天井冥想空间
12. 书舍大厅与天井冥想空间
13. 回望大厅与天井书架
14. 天井书架与玻璃茶亭
15. 玻璃茶亭植入

1. 天井
2. 玻璃茶亭
3. 内院
4. 客房

书舍剖面图

乡村公共设施的建设

　　乡村公共卫生设施建设是为了满足村民在平常生活和工作中就近如厕的需求。两个公厕分别位于村口和村中小树林畔。建筑以最基本的形态和建筑方式，保证了在较少的资金和地域化的施工条件中依然能呈现出简洁的现代审美。并通过建筑形体错位的方式形成"缝隙"，让建筑在仅有少量设备辅助的情况下依然保有良好的通风和采光效果。

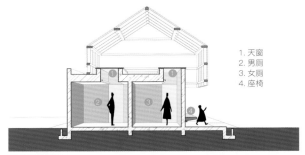

1. 天窗
2. 男厕
3. 女厕
4. 座椅

村口厕所剖面图

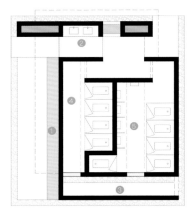

村口厕所平面图

1. 座椅
2. 洗漱台
3. 庭院
4. 女厕
5. 男厕

16. 村口厕所雪景概貌
17. 村口厕所夜景
18. 林间的隐匿
19. 新老对比与悬浮的屋顶
20. 宛如身处树林中的"斑驳"光影

1. 女厕
2. 庭院
3. 男厕

林间厕所剖面图

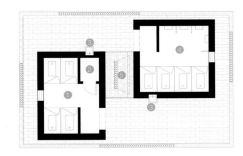

1. 女厕
2. 储藏室
3. 盥洗池
4. 男厕
5. 庭院

林间厕所平面图

22

23

21

项目改造的意义

　　在 2017 年末，更新计划的第一阶段完工，设计师们欣喜地看到建造的这些"小玩意"得到了村民们的认可，也潜移默化地影响了村民的生活。大家开始喜欢午后三两结伴来书舍里读书闲谈，并开始对传统老宅或新建筑的使用及形态和功能有了新的看法。蒋山实践的出发点不同于现今的民宿式乡建热潮，它是源于村民最质朴的生活和文化需求，期于从根本处影响乡村的基因。在某种程度上，设计对建筑的社会意义的思考超越其形式，而对于乡村复兴的期望则在设计的实践中开始起步。

21. 茶亭与后院
22. 茶亭植入与边缘消隐
23. 内院雪景

1

安吉山川乡村记忆馆

中国美术学院风景建筑设计研究总院

项目地点
浙江省湖州市安吉县

项目面积
450 平方米

主创设计师
陈夏未，王凯

摄影师
奥观建筑视觉

设计团队
柯礼钧，金拓，虞光洁

项目选址及现状

　　安吉山川乡船村，位于杭州主城区西北方向约 60 千米，海拔约 220 米。四周群山环抱，中间形成一个盆地，良田广袤，一条溪流贯穿东西，流水长年不断。入村前是一条蜿蜒曲折的狭长小径，一边是竹林，一边是溪流，过后则豁然开朗。

　　地块位于村主干道边，紧邻溪水，现状为废弃厂房，长约 25 米，宽 16 米，三面紧邻农居，一面隔路临溪水。建筑原始状态很差，屋面瓦、墙体基本报废，只有几根红砖柱和木屋架尚能加固使用。

区位图

1. 建筑傍晚侧立面图
2. 改造前建筑原貌

1. 多功能室
2. 接待厅

剖视图

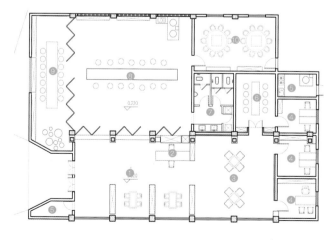

1. 接待厅
2. 前台
3. 接待处
4. 办公区
5. 储藏间
6. 洽谈室
7. 卫生间
8. 多功能室
9. 儿童活动区
10. 包房

平面图

原建筑的限制与创造

　　针对现状实际情况，建筑师们提出 3 个问题——如何合理利用现状资源；如何引入青山绿水的风景；如何使建筑具有乡村特色韵味。

　　为了避免相互干扰，与农居的相邻界面不开或尽量少开窗户，临马路墙面 1.3 米以上才开大窗，坐在里面可不受道路干扰，但依然能看到对面的山水景色。建筑师们在大空间中尽量多地设置天窗，这样使风景最大化地映入室内，也尽可能减少对周边民宅的干扰。

3. 建筑白天鸟瞰图
4. 室内与室外的融合
5. 内堂天窗采光
6. 天窗

　　建筑师们找来村里的老工匠，认真听取他们的建议，就地取材，收集村民造房子剩下的红砖并以当地黄泥墙工艺作为建筑外表皮，门窗由木匠现场制作。因乡土材料的运用，建筑自然、朴素、融合于山水。

去装饰化设计

　　顶部每跨设置一个天窗，除了满足采光需要，更引入周边的山景，作为乡村记忆馆的核心功能空间，在这里能感受到自然山水和传统手艺、现代生活的融合。

　　内部空间朴素自然，墙面内外一致，地面用水泥做磨光处理，屋顶则是保留了原始木屋架的结构美感，软装也以原木为主，使建筑、室内融为一体。

7. 建筑外墙面
8. 旧红砖与原木
9. 入口展示
10. 内堂里室结构
11. 屋顶的木龙骨构架及天窗
12. 材质与山景的融合
13. 休息厅展示
14. 内堂展示

低成本设计尝试与挑战

　　很多时候，建筑师的主要工作是在现场，帮工匠把握一下比例、尺度等基本美学。由于全部是泥工和木工熟悉的材料和建造方式，因此工程进展相当顺利，不到三个月就建成并投入使用。

15

16

1. 多功能室
2. 接待厅

剖视图

15. 从休息室看内堂
16. 从休息室看内堂侧面视角

17. 建筑傍晚远景
18. 建筑白天侧立面近景
19. 建筑白天侧立面远景
20. 建筑傍晚近景

17

改造的意义所在

相比于城市的项目，乡村项目的创造心态更轻松自然。乡村记忆馆建成开放后，村民和游客逐渐参与其中，每逢节日，这里都会举办聚会，也成了孩子们的乐园。乡村记忆馆展现的不仅是传承，更是新生！

上海"乡村振兴示范村"——吴房村

中国美术学院风景建筑设计研究总院

项目地点	项目面积	主创设计师	摄影师
上海青村镇吴房村	23.87 万平方米	方春辉	程莹，张光耀

建筑设计

方春辉，裴勇泽，孙涛，张帅，程莹，傅国伟，傅嘉琦，许晓龙

景观设计

方春辉，裴勇泽，程莹，郑学东，张光耀，彭娜娜，董正大，朱忠海

结构设计	室内设计
周建正，孙达，宋瑞	武江，汤政，马青勇

项目改造背景

　　2018 年 1 月 2 日，中共中央、国务院发布了 2018 年中央一号文件，即《中共中央国务院关于实施乡村振兴战略的意见》。实施乡村振兴战略，是党的十九大做出的重大决策部署，是决胜全面建成小康社会、全面建设社会主义现代化国家的重大历史任务，是中国特色社会主义进入新时代做好"三农"工作的新旗帜和总抓手。

　　20 世纪 90 年代，上海市奉贤区青村镇被农业部命名为"中国黄桃之乡"。在该镇西南部的吴房村，最老的黄桃树栽种于 20 世纪 80 年代初。为了满足农村与城市的发展需求，缩小城乡差距，吴房村被选为上海第一批 9 个乡村振兴示范村之一，以产业兴旺、生态宜居、乡风文明、治理有效、生活富裕为指导方针。

项目基本概况

　　吴房村是上海第一批 9 个乡村振兴示范村之一，是上海南郊的桃花源。吴房村位于上海市奉贤区青村镇，北、西两侧至村庄自然河道，东抵浦星公路，南至平庄西路，占地约 23.87 万平方米。

1. 村庄春景
2. 农民房屋改造前

整体设计源头和理念

　　"将美丽绘于乡村，让艺术留住乡愁！"吴房村的整体风貌设计源于中国美术学院设计总院邀请著名中国画家吴山明老师与吴扬老师联袂创作的桃源吴房十景图"，后续的整体规划、建筑、景观、风貌设计都源于这幅"桃源吴房十景图"。"源于艺术、高于设计、充满灵性！"这是中国美术学院设计总院为乡村振兴设计项目提出的新思路，充分发挥了作为国内一流艺术院校所属设计院的优势，"将美丽绘于乡村，让艺术留住乡愁"！

　　"所见之处皆风景"，为了全面提升吴房村的整体风貌，中国美术学院设计总院创新性地提出全域设计概念，将视野所见的每一处风景，都纳入综合设计范畴。这种工作方式，弥补了传统专项设计所忽视的整体风貌的把控。为了使吴房村项目达到最理想的完成度，中国美术学院设计总院安排各工种设计团队常驻现场，全域指导施工，根据现场实际情况不断优化施工方案，以确保"所见之处皆风景"！

3. 建筑外墙上绘有传统风格的壁画
4. 企业乡村办公室

1. 主入口
2. 接待中心
3. 餐厅
4. 村史馆
5. 民宿
6. 企业总部
7. 人字桥
8. 工作室
9. 中国美院乡村工作室
10. 次入口

平面图

设计分析和具体设计实施

　　吴房村项目最大的挑战是如何在现状基础上，保留原有的乡风乡貌。设计师从房、农、林、水、田、路、桥七个方面着手，全新布局。在保留了田间作物、水系河道和古树的前提下，建筑设计师考虑最多的是如何保留吴房村的历史印迹。建筑师在改建或是修复的时候，充分调研了吴房村的历史建筑和周边环境。建筑基调汲取了吴房村原貌最淳朴的粉墙黛瓦风格，为了与桃花相映生辉，建筑的色调以素雅为主，柔美的坡屋面流线、朴实的木饰线条与窗框、步移景异的村落景观，展现出海派水乡的柔美和乡野风貌的淳朴自然。为了更好地营造乡野气息，村内人行小路以老石板、小青砖、鹅卵石等元素铺就而成，配以乡野植物与淳朴小品的组合设计，令步行道更具乡野气息。

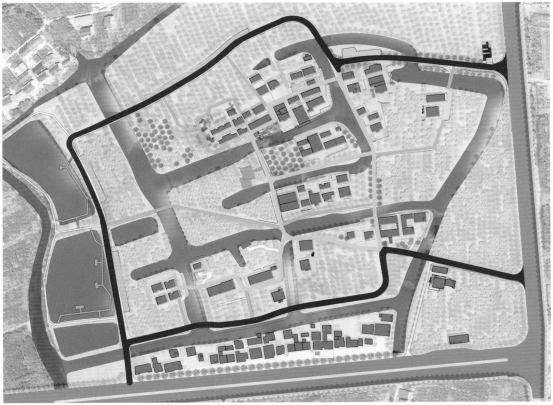

道路分析图

- ▆▆ 沥青环路
- ▆▆ 主园路
- ▆▆ 次园路
- ▆▆ 庭院铺装

5. 庭院汀步局部
6. 庭院毛石挡墙局部
7. 百年老宅
8. 园路

　　水系丰富是吴房村的一大特点，自然的河道只需稍加疏浚整治，即是一道亮丽的景观。设计师在此基础上补充芦苇、花叶芦竹、蒲苇等，以提升自然乐趣；水面种植黄菖蒲、鸢尾、荷花、睡莲、梭鱼草等多种挺水、浮水及沉水植物，以净化水质，营造水生态系统。

9. 吴群工作室改造后
10. 建筑外墙上绘有传统风格的壁画
11、12 农民房屋
13. 村庄晚霞
14. 园路夜景
15. 荷花池

16. 人字桥局部
17. 小桥流水
18. 车行道
19. 如意桥
20. 人字桥
21. 河道景观
22. 曲岸波桥

　　河流密布自然桥梁也不少。村内共有近 20 座桥梁，数量虽多，却座座不同。其中，车行桥大多体量较大，设计以石质栏杆；而人行桥，则轻盈而小巧，融于风景中。根据不同需求道路与桥梁的联通结合，整体上功能与风貌相适宜。尤其是"人"字桥与曲岸波桥，成为人人争相合影的打卡景点。

21

22

23

如何选择适合上海本土的植物？考虑植物搭配上，设计师保留了村内原有的黄桃树、橘子树、柿子树、苦楝、榉树、榔榆及竹林，再增加本地常见的乡土树种。宅前屋后运用石榴、橘子树、柿子树及蔬菜，打造"花园，菜园，果园"三园。同时，设计师于建筑周边、道路交叉口及桥边点缀染井吉野樱、梨树、石榴树、美人梅、蜡梅、红枫、鸡爪槭及羽毛枫等，下层种植黄金菊、雏菊、绣线菊、美丽月见草、细叶美女樱、佛甲草、大花六道木及南天竹等，营造乡野氛围。用植物造景打造适宜的空间环境，提升整体风貌的氛围。

24

25

26

27

改造反响

　　设计团队将艺术、设计、绘画等元素融入该项目的设计当中，旨在创造出与"黄桃"产业相关的新型体验，以丰富产业的多样性。乡村振兴以来，吴房村的乡村特色不断吸引公众参观。风貌提升后的吴房村迅速受到社会各界关注与媒体播报，主流媒体就达到十余家，其中包括中央电视台新闻联播、中央电视台新闻频道、新华社官方、学习强国、上海东方卫视等，逐渐成为上海的知名村落。

23. 配电房春景
24. 庭院篱笆门
25. 陶罐盆栽
26. 百年老宅
27. 庭院围墙
28. 村庄晚霞
29. 村庄远景

1

先锋松阳陈家铺平民书局

张雷联合建筑事务所

项目地点	**项目面积**	**主创设计师**	**摄影师**
浙江省丽水市松阳县	338 平方米	张雷，戚威	侯博文

设计团队	**项目文字撰写**
马海依，洪思遥	王铠

项目所在地概况

　　项目位于中国东南内陆的丘陵山地，独特的文化与地理条件孕育了项目所在"陈家铺"的崖居聚落形态。地域性是项目无法回避的重要维度，项目设计将建筑师的个人风格谨慎地隐匿于地方的工匠传统之中——材料恪守地方原则，谨慎地处理和自然相关的开放性关系。

延续工匠传统

　　改造项目的起点，是村民礼堂旧址，其在整个聚落中已经是体量庞大的公共中心之一，是村落中大半个世纪之前建造的新建筑，一个 11 米×18 米见方的二层高空间。

　　设计在其西南角增加了单层体量，包括其屋顶的观景平台，将原来较为封闭的会堂建筑变得更具公共开放性，回应了外部景观的开放性；建筑内部开阔的两层空间的正中心，一个悬浮的半透明的盒体，贯通至屋面天窗，形成柔和的自然光的容器和内部空间的中心，"冥想"的功能主题，也使得这里成为图书馆仪式感的顶点。少量的玻璃、阳光板这种纯净透明或半透的材料，作为传统木结构的背景存在，空间的划分组织依然附着并强化了原有传统材料的形式秩序。金属、玻璃、混凝土这些当代材料形式被表达为抽象的几何界面，灰泥、原木、麻绳这些材料的物质性越发强烈。原有木屋架的次级联系杆件被大量增加，形成空间顶面柔和深邃的界面，顶面成为一个逐渐消失的边界。

　　设计除了西南角 3 米见方的玻璃盒体，几乎完全延续了建筑外部的建造特征。新的设计克制地调节内部光线和外部景观的戏剧效果。新的书局，之前的会堂，以及周围更加年代久远的老村子，形成了连续生长的聚落文脉肌理。

1. 崖居聚落中的书局
2. 陈家铺的崖居聚落
3. 屋顶建造中

项目位置图

4

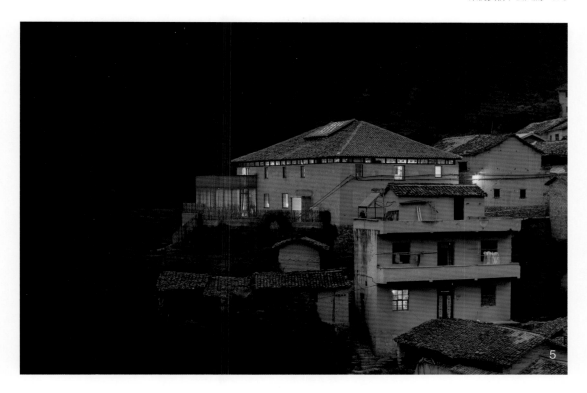

木结构及新加的杆件

三处新加的空间

项目改造后提供的阅读空间

　　作为村庄中的小型图书馆，以及运营方先锋书店希望拓展的乡村书店，其内部流线组织的功能性并不存在太多限定。建筑内部轴线对称的布局，同相对独立的三个不同的楼梯台阶引导的三条起伏的竖向动线，形成视觉和穿行体验的复杂性，静谧和开放，围合与通透。

4. 悬浮的半透明盒体——冥想空间
5. 书局

　　主入口正对一个通高的宽阔走廊，一侧是整齐排列的书架，而靠外墙的一侧则是白色实体墙面上巨大的无框玻璃窗洞，透出旁边小巷的灯光，和偶尔闪过的村民匆匆的身影。转过走廊的尽头，是阶梯状的阅读空间，沿台阶阅读座位一侧的建筑实墙上开出面对峡谷的大窗，这里也是书局聚会分享的场所，作家阿乙、诗人余秀华等都曾经在这里和游客、村民分享他们的故事；拾级而上到达突出建筑之外的观景平台，这里也是村中浏览山峦风光的最佳位置之一。另外两条动线分别是到达书局中心悬浮的冥想空间的直跑梯，和串联咖啡座席以及两个研讨聚会空间的功能性路径。

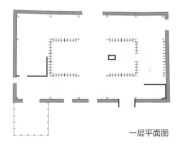

一层平面图

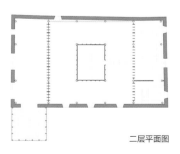

二层平面图

6. 观景平台
7. 无框玻璃窗洞
8. 书局内部空间

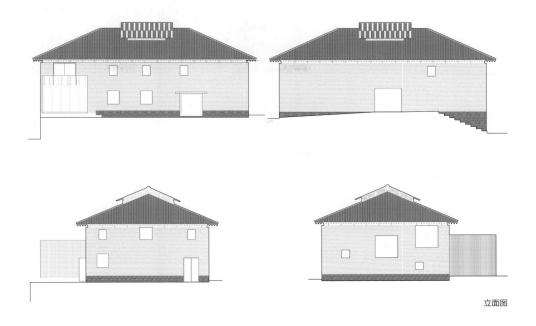

立面图

9

每个作为浏览、阅读或交流的空间都有其明确的围合边界，同时保留读者和自然、读者和空间、读者和读者之间对话的透明性。

项目的公共性功能

先锋书店是南京一个成功的城市书店经营者，拥有众多的忠实客户，近年来出于文化传播的责任和企业品牌创新的目的，不断投入了多个乡村图书馆的建设，去激活传统聚落的价值，形成城乡互动的公共性。书店为消费者带来独特阅读体验的同时，也是村中老人和孩童休憩学习的基础设施。两种功能并置的结果，便形成了新型的公共空间。民俗百科的藏书主题，结合地方手工艺传统的文创周边产品，定期举办的诗文交流活动所形成的场所吸引力，不仅存在于原住村民和游客之间，而且在更大空间维度上架设了城乡之间的桥梁。而建筑师的工作是为这个生动的场景创造恰如其分的平台。以先锋陈家铺书局为景窗，游客和村民看到了不一样的山村，不一样的自然，以及不一样的世界。

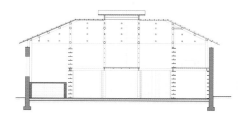 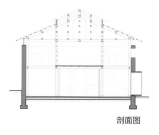

剖面图

9. 窗外山景
10. 悬浮的半透明盒体——冥想空间
11、12. 阶梯阅读空间

10

11

12

13

　　书店自 2018 年 8 月中旬对外开放，取得了出乎意料的成功。这个海拔 800 多米距离最近的大城市也有三个小时车程的偏僻山村，每天要接待数百名来自远方的客人，更有以万计的收入，大大出乎先锋创始人钱小华的预料。先锋书店也定期邀请著名作家、诗人来书店分享，书店对面的一栋民居被改造成作家创作中心供他们来山村常住。一个小小的改造项目给已经空心化的陈家铺村注入了新的活力和动力，也必将改变这个偏僻山村、甚至是松阳这个浙南偏远县城的命运。

13、15. 书局内部空间
14. 群山中的书局

老梅湖的新建筑——剪纸艺坊与伴湖书吧

杭州森上建筑设计

项目地点	项目面积	主创设计师	摄影师
浙江省台州市	600 平方米	章钧添，孙鸿斐	邱日培

项目改造初衷

　　美丽乡村项目的实行，为各乡镇街道带来了更好的环境面貌。乡政府亦希望用极小的代价改造老村的建筑，让老房子有所依，与村为伴。老房子的新生可以再造价值，满足乡村现代发展的同时，也保留了传统老村的生命力。

项目改造背景

　　步路乡距仙居县城关 7 公里，灵江上游永安溪从北陲蜿蜒而过。步路之名，因该村群山环抱，地处峡谷之口，谷深百余里，自古以来，一条垒石大路经过村前，成为山里人步行到达县城的必经之路，所以称"步路乡"。

　　步路乡群山环抱地形悠长，村落建设规模虽然不大，但具有当下乡镇发展的大部分特征，新建的集镇与老村并置共存，呈现的面貌却全然不同。以梅湖为中心，沿乡道西侧为新建的集镇街道，东侧为老村聚落组团。大部分乡民已从老村迁出，居于集镇，老村也迅速破败接近空置，留下几位老人留守，日渐冷清。

　　在现场调研中，设计师了解到孩子们缺少课后的学习空间，村民缺少闲聚的交流场所，当地非物质文化遗产的剪纸艺术缺少工作与展示的场地。因此，设计师选择两栋梅湖边的建筑进行改建，在满足步路乡以上方面需求的同时，也希望修建后的房子能融入村民的生活，成为梅湖沿岸的标识与规划环湖主路上的特色建筑。

1. 剪纸艺坊改造后实景
2. 改造前现场照片

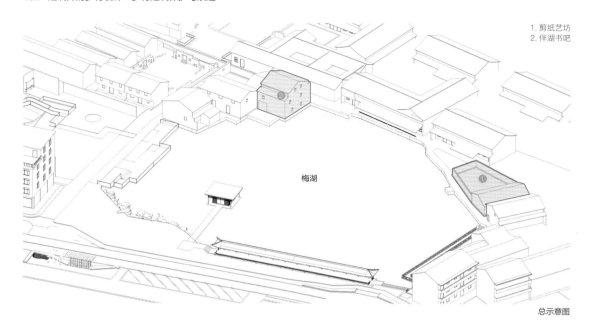

1. 剪纸艺坊
2. 伴湖书吧

梅湖

总示意图

建筑的拆建与改建

和当下其他乡村一样，步路乡是一个正在经历规划与整改的村子，平整路基，治理管网，提升环境，修缮立面……响应美丽乡村的新政策，步路乡"按部就班"地进行着一个个工程。规划先行，乡政府大力整治乡镇街道环境，市政硬件设施建设的高投入为乡村的发展做好了基础。亟待处理的老建筑便成为下一环节的重点整改对象，非营利性的公共空间建设往往是乡村政府比较棘手的问题。他们需要尽可能采用极小的代价建造，合理地进行修缮，以使得旧屋新生，并激活老村的生命力。

结合场地现状与财政预算，选择两栋具有典型性的建筑进行改建。作为剪纸艺坊的"老建筑"其实是一座重建不久的新院子，不过难以使用，需要在此基础之上做进一步的修整，在整体预算得到控制的情况下使得之前的投入得到有效利用。另一栋书吧则选择放置在湖岸街角的节点处，位于环湖游线的重要位置，在村交通的主流线上接纳更多的人群，以便于往来的村民随时可以来此看书品茶、休闲交流。

3　4

3、4.改造前后对比图

剪纸艺坊的设计和景观

剪纸艺坊原为一层砖木混合建筑，拥有一个长进深的不规则前院，院墙紧贴梅湖，却独自封闭。作为容纳步路乡非物质文化民间艺术的建筑，不应仅仅作为一种收纳传统物质的容器存在，而需呈现属于当地的剪纸艺术，更包容梅湖的景致，接纳村里的人们。设计尝试打破原来的封闭院墙，以格栅过滤景致形成剪影式的视觉效果，院内可观梅湖，于对岸则可隐约看到院内的动态。院落被一分为二，形成前院与庭院，剪纸展厅位于二者中间，延续至院墙朝向梅湖敞开，像是对于梅湖的延伸与接纳。展亭与院墙格栅的交界洞口处设置了一条长凳，供过路的人坐下休息，一同观赏梅湖的景色。到访者经过两进的院落，再进入剪纸艺者工作室。途中可看到立面格栅旋转后形成的不同观感，体验犹如剪纸般的场景，有助于了解当地的风貌和剪纸工艺。

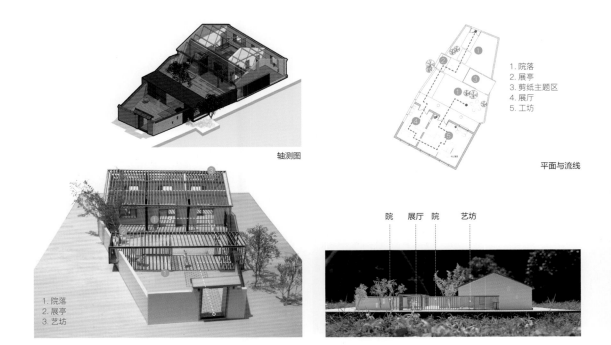

轴测图

平面与流线

1. 院落
2. 展亭
3. 剪纸主题区
4. 展厅
5. 工坊

1. 院落
2. 展亭
3. 艺坊

院　展厅　院　艺坊

前院—展亭—庭院—展厅—工坊的行径流线使得原本单一封闭的院落有了层次和内容，增添了叙事感与生活感，使得艺坊不仅仅是陈列与剪纸，更多了些生活的味道。

书吧的一层公共休闲性较强，茶室的设置方便人们可以在此进行小型的集会。集中的读书区位于二层，打造适宜阅读的安静氛围。利用层高在三层阁楼处摆置儿童读物，使得各年龄段的人都有属于自己的区域。伴湖书吧也从真正意义上给予了步路乡村民最大的陪伴与关怀。

5. 剪纸艺坊入口大门
6~9. 院落与入口场景
10. 面湖长椅

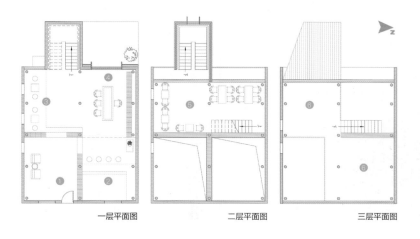

一层平面图　　　二层平面图　　　三层平面图

1. 入口通道
2. 吧台休息区
3. 榻榻米
4. 茶室
5. 茶座书吧
6. 阁楼书吧

13

伴湖书吧的设计和设想

作为书吧原址的老房子较为陈旧，传统木结构抬梁体系的局部已开始出现不稳定，维护与改建更近似于一种材料的回收与利用。老房子共分为三层，拾级而上，透过不同层高不同立面上高低的窗洞，可以以不同的姿态去观赏梅湖和步路老街的景象。设计师取了一个"伴"字，一方面意为这栋空置的老建筑能够重新陪伴当地村民，提供他们理想的生活空间；另一方面取其半材，将老墙做一半破壁形成建筑的基座，往上置换了已经老化的主体木结构，通过现代的开窗方式表达对于当代生活的接纳。不仅在建构空间上营造了丰富的空间体验，而且通过游径与楼梯的设置，形成了各种观湖的方式。围绕着梅湖景致，人们的视野不断在集镇与老村之间转换，唤起村民对老村生活的回忆，并引导他们重新关注老村与集镇的联动。书吧的建造似残垣破壁中的新生，提示村民在乡村城镇建设的推进下，勿忘传统乡土建造和生活于山水情境的诗情画意，继而重新激活并建立当地的乡土特质美学。

项目改造后记

乡建的改造总夹杂着原始自然的意趣与氛围：天然的山水、乡土的材料和略带拙气的工程让一切都有着乡土气息。过于城市化的手法在乡村往往显得有些突兀。改建投入也是如此，经济适用往往是村民更为看重的东西。改建一个工坊投入花费十几万会让他们觉得不适宜，相对乡村的经济收入，大手笔且不合用的工程总带来诸多怨言。当然，村民不时地会追逐现代时髦的东西，但也不由自主地对乡土的美表现亲切，朴质的原石和抹泥，粗犷的钢材与原木，让他们更容易接纳。锁门管理是一直以来乡建之后遗留的使用问题，原本对村民开放的场所往往会因为运营和统筹安排没办法长时间开放。一个村落生活在一起，村民习惯了不锁门，这和城里有所不同，拒之门外会让村民觉得这是公家的地方，会感到陌生。也许村民根据礼俗的自由来往已是习惯，一个长期封闭的地方终究难以融入他们的生活和村子。建筑作为村落的功能使用空间，它的存在是公家的还是自己的，这是村民的疑问，也是乡村的疑惑。

14

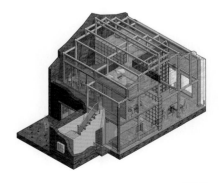

轴测图

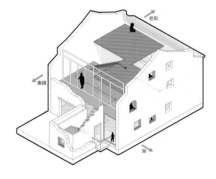

视线分析

14. 伴湖书吧阁楼（模型）
15. 伴湖书吧全貌（模型）
16、17. 亲水平台（模型）
18. 伴湖书吧整体空间关系（模型）

茅贡粮库艺术中心

场域建筑事务所

项目地点	项目面积	主创设计师
贵州省黔东南州黎平县茅贡镇	3000 平方米	梁井宇，叶思宇，周源

摄影师

左靖，朱锐，黄缅贵

项目改造的初衷

　　场域建筑事务所在贵州黔东南自治州黎平县的茅贡镇完成了当地的粮库改造设计，这是茅贡镇复兴计划的第一个关键示范项目。旧的粮库建筑原处于闲置状态，2016 年镇政府和地扪生态博物馆决定将它改造成面向村民的艺术中心，以及乡镇新的文化载体。

项目概况

　　茅贡镇类似大多数地处边远的乡镇，拥有一条县级过境公路。公路两侧是数十年来不断演变的小型农村建筑。功能以服务于周边村寨的商业、服务业为主。有计划经济年代过后闲置的粮库、供销社，也有缓慢变化更新的邮局、银行、五金建材，通信电器店、餐厅等。建筑面貌是当地抬梁式民居和砖混结构的复合体。

　　过去数年来，在地扪生态博物馆和艺术家左靖的共同推动下，博物馆和地方政府开始合作，将茅贡作为辐射周围侗寨原生态村落的聚集点，承接前往侗寨旅游的外来人流消费；同时减少在原生态村落内部为扩大旅游接待能力而导致的破坏性修建压力。

1. 内庭院
2. 建筑改造前
3. 施工改造中

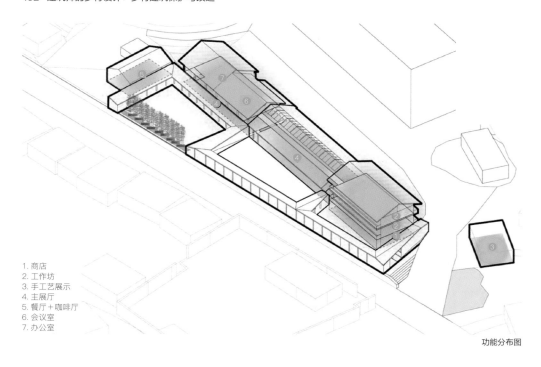

1. 商店
2. 工作坊
3. 手工艺展示
4. 主展厅
5. 餐厅＋咖啡厅
6. 会议室
7. 办公室

功能分布图

4. 建筑环廊
5. 庭院围廊
6. 沿街鸟瞰图

卫星图

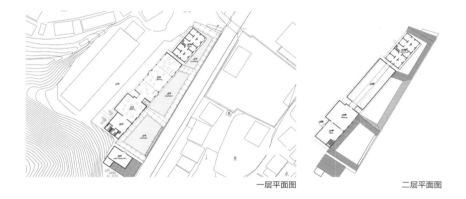

一层平面图　　　　　　二层平面图

7. 内庭院
8~10. 庭院围廊

项目改造过程

　　场域建筑的设计出发点是谋求将现状建筑与道路之间的楔形空地进行庭院化利用，并将回廊和庭院作为道路与建筑之间的缓冲。几座位于二级公路边的闲置资产经过改造，成为乡镇新的文化载体，投入到使用中。粮仓和周边旧建筑通过墙面翻修及室内改造，整理为以地方手工艺和农产品展示、宣教为主的文化空间，同时包括工作坊、艺术家驻场工作站、餐饮礼品等附属设施。外部采用当地传统做法及材料，围合建造一条分隔喧闹的公路与安静的展览厅之间的廊道，将现有室外空间划为三个大小、形状、使用目的不同的院落。旧粮仓修护、保留了大部分旧墙面。新的搭建工艺和材料就地取材，但在某些屋面做法上对传统做法进行了改良。大部分原有建筑和原始材料被保留和再利用。而新建结构、门窗等材料均采用当地抬梁式木结构形式、聘用当地工人、使用当地传统建造技艺。

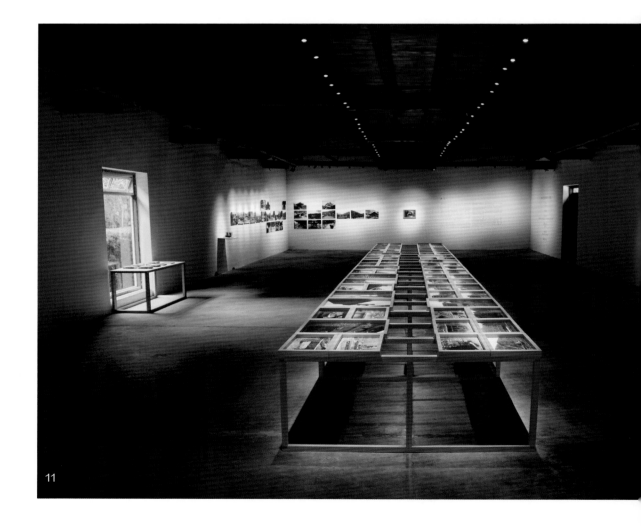

11

11. 中心展厅
12. 地方手工艺展示厅
13. 农产品展示厅

14. 开幕侗族歌舞表演
15、16. 当地居民观展

16

开章小学改造

原本营造

项目地点
陕西省榆林市佳县泥河沟村

项目面积
750 平方米

摄影师
候玉峰，贾玥，付惠瑶，唐勇

主创设计师
唐勇，林艺苹，杨秉鑫，孔祥麟，张思露

项目位置和改造背景

　　由佳县县城往北，顺着沿黄公路在陡峻壮阔的秦晋大峡谷间驱车十余公里，一片断崖下方，枣林郁郁葱葱，山地窑洞聚落隐现于后，犹如绝壁环抱中的绿翡翠。再往里到达村委会大院，一幢三层框架结构大白楼横立眼前，红砖抹水泥，正面贴瓷砖，蓝色女儿墙，顶立四个金色大字"开章小学"。在近年乡村青年外出务工及撤点并校的大趋势下，乡村小学关闭空置成为普遍现象，偏远的陕北佳县古枣园泥河沟村小学亦未幸免。这座嵌入窑洞聚落，造型迥异的大白楼在低技术、低造价的限制中想要获得新生。设计师试图避开常规的风格协调，引入社会学观念，在集体记忆的延续与新空间体验的植入中，营造其与村落共生的新方式。

1. 改造后走廊
2~4. 改造前现场照片

建筑差异与集体记忆

该项目是典型的城市小学建筑，在窑洞聚落的尺度与色彩里算得上异物，硬生生嵌入这片依山而建的传统聚落中，与山顶现存的十一孔窑老小学形成鲜明的对比。从常规的保护规划角度来看，该建筑通常被定性为风貌冲突，必须拆除或彻底改造，使之协调统一。

设计师与长期调研村史的孙庆忠教授和村民的沟通中，才知此楼对于村里的重要性，它饱含了数十年来村民们兴办小学的巨大努力与集体记忆。2000 年以前，泥河沟这个佳县最偏远的村落，一直保存着完整的山地箍窑聚落群。在村民们的记忆中，大部分学校都使用传统窑洞，而窑洞空间狭小，坡陡石滑，村民们一直想盖一所像外面一样"真正"的小学。经过村民的努力，这座希望小学终于建成，它成为村里最大、最现代的建筑，也是村子在建筑类型上与现代城市的首次触碰。为纪念武开章老人及其后人的贡献，取名"开章小学"。小学建成后被定位为中心校，但是后来小学学生逐年减少，直到 2012 年最后一个学生也走了。

开章小学关闭后被作为村委办公、仓库、临时住宿使用，楼前操场则用于村民集会议事、秧歌庆典、红白喜事等活动。小学建造碑记、旗杆、松树、黑板依在。越是了解这段历史，越发觉得小学与周边窑洞的形式差异在弱化，消融其中的是村落延续的集体记忆与新功能空间植入的未来。

总平面图

21 世纪前

村庄安静闭塞，与世隔绝，村中的建筑都是传统窑洞。

现代化的开端

2003 年，第一栋现代楼房——由希望工程捐助的小学建成，这所学校是村庄和外界现代化社会的第一次接触。

停办

2012 年，随着年轻人纷纷携子女进城打工，泥河沟村空心化日趋严重，学校因生源不足而关闭，后被用于村委会办公及村民活动空间。

5. 小学改造后鸟瞰图
6. 小学改造前鸟瞰图

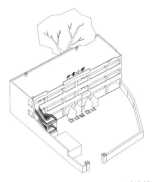

改造前

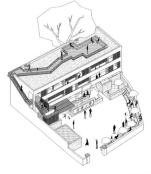

改造后

1. 现代厨房
2. 枣园餐厅
3. 包厢
4. 传统厨房
5. 老年卧室
6. 活动中心
7. 锅炉房
8. 公共厕所

一层公共空间

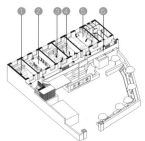

1. 监控室
2. 会议室
3. 书记室
4. 驻村干部办公室
5. 驻村干部休息室
6. 公共卫浴

二层办公空间

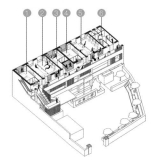

1. 标间
2. 大通铺
3. 大床房
4. 标间
5. 大通铺
6. 公共卫浴

三层枣园客栈

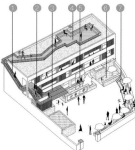
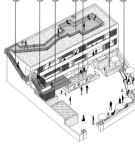

1. 外挂钢梯
2. 踏步坐台
3. 大雨篷
4. 忘河台
5. 石墙浅院
6. 石墙浅院
7. 石阶看台

整体改造后

7

8

1. 现代厨房　　　A. 小学碑记
2. 枣园餐厅　　　B. 小学字牌
3. 包厢　　　　　C. 红旗
4. 老年人卧式　　D. 松树
5. 老年活动中心
6. 锅炉房
7. 公共厕所
8. 储物间
9. 雨篷下灰空间
10. 石墙浅院
11. 传统厨房
12. 石阶看台

一层平面图

建筑的延续与纳新

　　小学是村里的集体产权建筑，改造后的使用对象不仅是村民，也将容纳进入村子的志愿者、画家、游客等城市人群。多样化的功能需求与植入如同一个"乡村综合体"，在延续村集体原使用功能的基础上增强其开放性与可持续运营能力。通过三层空间及屋顶平台的垂直差异性组织，形成由公共活动空间到办公、住宿、观景的纵向分层。

　　功能所对应的空间改造策略以小学特有的外廊式框架承重墙结构为基础，利用原教室与办公两种面宽尺度的差别，植入枣园餐厅、老年人活动中心、公共卫生间、大通铺、标准间等新功能空间，以小学公共外廊空间为枢纽，在楼层上下扩展、延伸，通过深、浅空间的再造，与日常行为、景观视野的联结与强化，触发新空间的诞生。

　　一层楼前院子是村里主要的集体活动空间，由一堵刷成粉红的砖墙围合，每次开会或集体活动，村民们都需要搬来很多凳子，或者拥挤站立围观。针对这一问题，改造倚着原来的院落围墙，向内扩展成石阶坐台，尽端设置伸入建筑内部的公共卫生间，并在石阶退台中预留出错落的树池，希望方便村民活动的同时增加坐望的休闲体验。

7、8. 院落石阶坐台
9. 公厕石墙

同时，石墙从建筑外廊扩展出来，包裹住小学的旗杆、松树，形成门前浅院；"开章小学"几个大字顺势从楼顶移下，镶入庭园石墙中；原来的小学纪念碑记也从角落里搬出来，嵌入楼梯入口石墙内，在一层院落的石头空间中凝固小学记忆的片段。

二层延续原村委办公空间，室内未做太多改造。原小学外廊狭长单调，改造利用窗墙厚度与柱间宽度，置入长凳、倚台或茶室凹间等家具空间，并压低走廊高度与外廊视野，让其更贴近人体尺度。通过浅空间的再造，为外来客人提供更丰富的交流和休闲空间。

外廊内侧新植入的接待中心依据原教室与办公室大小空间的差别，分别设置了大通铺与标准间，原本较高的空间运用当地特色的柳编工艺制成吊顶。大通铺可以接待画家、学生等集体游客，标准间则主要面向个人或家庭。小学凭借新的运营功能吸引了村子外出务工的年轻夫妻回乡创业管理，成为泥河沟村第一个有较强接待能力的客栈。

10、11. 改造后的走廊
12. 改造后的走廊可用作休息区

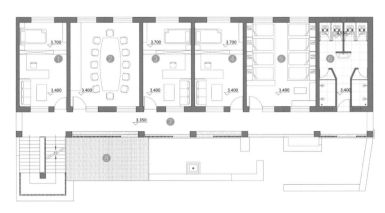

1. 监控室
2. 会议室
3. 书记室
4. 驻村干部办公室
5. 驻村干部休息室
6. 公共卫浴
7. 外廊
8. 大雨篷

二层平面图

12

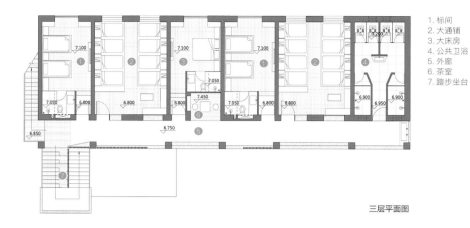

1. 标间
2. 大通铺
3. 大床房
4. 公共卫浴
5. 外廊
6. 茶室
7. 踏步坐台

三层平面图

改造后风景的借望

在三层差异的空间中，连接其间的室外楼梯与外廊景观有着重要的意义，它们与风景的对话将由内而外地消解建筑本身的复杂与异样，勾连复合的功能与多样的人群。

改造依据楼梯间在各层的视野与行为差异，由一层石墙的遮蔽到二层格栅的间隔，再至三层的开敞，并在三层踏步一侧设置小坐台，可行可坐可小观。

小学层叠的外廊空间，在空间的游走或坐倚靠立中，调节内部与周边山水聚落的视野层次，框山纳河，俗屏嘉收。人们可在客房落地窗前坐望后山的窑洞聚落，享受差异的风景和慢时光。

再往上通过增设的侧墙柳编钢梯，折入屋顶长廊，直至老槐树边的坐台，曲折尽致，空间豁然开朗，古枣林与黄河绝壁胜景尽入眼底。

13. 客栈大通铺
14. 客栈大床房
15. 新增屋顶钢梯
16. 框山
17. 屋顶平台
18. 改造后夜景

15

16

17

18

待到夜晚，周边色彩退却，在屋顶感受古枣园的静谧与璀璨星空，伴着秦腔知天长。它凝聚着一个独立纯粹的小世界，淡化了过去与未来。

1.外挂钢梯
2.望河台
3.碎石铺地
4.烟囱

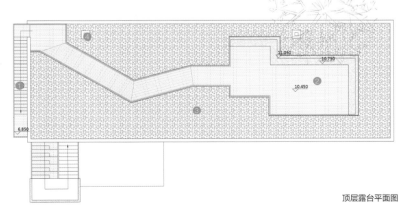

顶层露台平面图

上坪古村复兴计划之杨家学堂

三文建筑 / 何崴工作室

项目地点　　　　　　**项目面积**　　　　**主创建筑师**　　　**摄影师**
福建省三明市建宁县溪源乡　113 平方米　　何崴　　　　　　　周梦，金伟琦

建筑设计团队
赵卓然，李强，陈龙，陈煌杰，汪令哲，赵桐，叶玉欣，宋珂

项目改造背景

　　杨家学堂位于上坪村两条溪流的交汇处，是入村后的道路分叉口，地理位置非常重要。相传朱熹曾在这里讲学，并留下墨宝。选择在这个地点进行改造设计，既考虑了旅游人流行为的需要，也照顾到了上坪古村的历史文化。

　　改造对象是杨家学堂外面的几间废弃的农业生产用房，他们是杂物间、牛棚和谷仓。设计团队希望将原来的建筑改造为一个书吧，一方面为外来的观光者提供一个休息和了解村庄历史文化的地点，另一方面，更为重要的是为当地人，特别是孩子提供一个可以阅读，可以了解外面世界的窗口，并为重拾"耕读传家"的文化传统提供了场所。

项目状况和设计思路

　　在前期的考察中，设计师发现杂物间和牛棚在空间上有很大差异。杂物间相对高大，内部空间开放；而牛棚则正好相反，因为原有功能的需要，空间矮小，黑暗，几个牛棚之间由毛石分隔，此外牛棚上面还有一个低矮的二层用于存放草料。

　　空间的差异和"瑕疵"带来了空间改造的困难，同时也为改造后的建筑叙事提供了戏剧性元素，这正是改造项目有趣的地方。利用原有空间的特点，设计团队将新建筑定义为"一动一静"两个部分。"动"是利用杂物间改造的书吧的售卖部分，这里相对热闹，拿书借书，买水喝水，以及设计团队专门为上坪村创作的一系列文创产品都在这里集中展示、销售，大家称之为"广悦"。"静"是读书、静思的空间，称之为"静雅"。

1. 杨家学堂的新建筑分为"一动一静"两个部分
2、3. 改造前现场照片

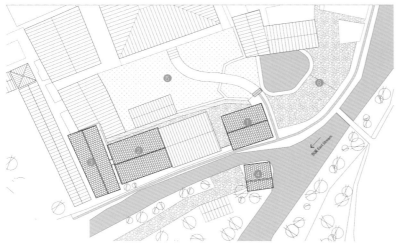

1. 移动小屋售卖亭
2. "广悦"书吧
3. "静雅"书吧
4. 望溪亭
5. 杨家学堂
6. 东溪广场

总平面图

"广悦"区和"静雅"区的改造过程

"广悦"区是上坪村对外的一个窗口，外来人可以在这里阅读上坪古村的"前世今生"；村里人也可以透过物理性的窗口（建筑朝向村庄的一面采用了落地玻璃的方式，将书吧和村庄生活连在一起）和心理的窗口和外面的世界进行对话。

原有建筑朝向溪流一侧是封闭的毛石墙，本身开窗很高。但是设计师希望能将溪流和对面的田园景观引入书吧，因此并没有降低原有窗口，而是在室内加设了一个高台，人们需要走上高台才能从窗口看到外面。这样做一方面尊重了原有建筑与溪流、道路、村落的关系，保持了建筑内部和溪流之间"听水"的意境；另一方面也满足了人们登高远望的需求，也丰富了室内空间。建筑面向村庄的一侧，原有的围墙已经倒塌，设计师利用一面落地玻璃来重新定义建筑与村庄的邻里关系，也改善了原有建筑采光相对不理想的问题。

4

5

4. 杨家学堂节点改造过程图
5. 牛棚改造过程图
6. 杨家学堂区域全景
7. 杨家学堂概貌
8. 杨家学堂的新建筑分为"一动一静"两个部分

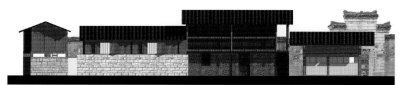

立面图

剖面图

9

9、10."广悦"书吧内，设计师在室内加设了一个高台
11. 杨家学堂内，当地居民在"广悦"书吧内阅读
12."广悦"书吧室内，孩子在玩耍

13. 杨家学堂内，使用者延续传统的方式进入到"静雅"乡村图书馆二层
14."静雅"书吧二层阅读空间，阳光板隔墙形成了半透明的效果
15、16."静雅"书吧内，"木房子"被稍微抬起，将阳光引入原本黑暗的牛棚
17."广悦"书吧吧台空间
18."广悦"书吧内就座区

"静雅"区由牛棚改造而成。设计师认为原有建筑最有意思的空间模式是上下两层相互独立又联系的结构：下面为牛生活的地方，由毛石垒筑而成，狭小、黑暗；上面是存放草料的地方，木结构，同样狭小，相对黑暗；上面的"木房子"是直接放在下面的石头围子墙上的，它们之间在物理流线上是分离的（上面的空间不会通过下面的空间进入），但在使用逻辑（牛吃草）上是关联的。

"静雅"沿用了原有空间模式，但将上面的"木房子"稍微抬起，一方面增加下面空间的高度，另一方面将阳光引入原本黑暗的牛棚。这里将成为阅读者的新区域，安静、封闭，不受外部的干扰。原有的毛石墙面被保留，懒人沙发被安置在地面上，柔软对应强硬，温暖对应冰冷，"新居民"对应"老住户"，戏剧性的冲突在对比中产生。二层的草料房被重新定义：原来的三个隔离的空间被打通，草料房的一半空间被挑高空间取代，在挑高空间与新草料房之间采用了阳光板隔墙，形成了半透明的效果；草料房仍然很低矮，进入的方式也必须从户外爬梯子而入，很是不舒服，但这也是设计师有意为之。设计师希望这里的使用回到一种"慢"的原始状态，有点类似苦行僧的状态，使用者需要小心地体味身体与空间，把都市的张扬收起，在读书中反思人与自然、人与环境的关系。

这种"慢"的要求也同样反映在一静一动两个空间的连接位置上。一个刻意低矮的过道被设计出来，成年人需要低头弯腰慢慢通过。设计师希望通过这种空间的处理暗示"谦逊"这一中华民族的传统美德：低下头，保持敬畏。

上坪古村

改造项目中文创产品的展示

书吧也是上坪文创的重要展示和销售的聚点。设计师利用上坪古村原有的文化历史传说、传统进行乡村文创，打造一系列专属于上坪古村的乡村文创产品和旅游纪念品。如利用朱熹的墨宝对联创作的书签、笔记本；提取上坪古村的历史、文化、建筑、农业特点设计的上坪古村的标志，以及由此延伸的文化衫、雨伞等。这些文创产品既传承了上坪古村的历史文化，又为村庄旅游提供了收入。

19

19.上坪古村文创产品：
上坪莲子露
20.上坪古村文创产品：
手绘地图及印章
21.杨家学堂书签
22.环保袋＋雨伞＋
明信片＋手绘本
23.上坪古村文创产品：
彩云间咖啡

1971 研学营地旧学校改造

DK 大可建筑设计

项目地点	项目面积	主创设计师	摄影师
山东省日照市	11050 平方米	杨攀，高浩军，王学艺	刘玉祥

项目改造背景和初衷

　　此次改造设计是将基地原有日常教学教室改造为 1971 研学营地的学生住宿空间，在满足住宿功能需求的同时，不破坏旧时学堂的记忆成为此次设计的核心。

　　陈疃镇中学学堂最初由当地村民就地取材，自发修建、共同出资建造而成。现在的老建筑由于不能满足当下学校建设的要求而被新中学代替。为了不让学校荒废，甲方依托政府将此地打造为一个综合性青少年学生研学教育营地，并对现有的建筑群进行升级改造，使这所学校能够继续为学生服务。

建筑的保留与改造

　　原有建筑结构形式多为砖木结构：红砖屋身、木框架屋顶、屋顶上铺红瓦。为了更好地传承老建筑的历史文脉，在改造中将红砖作为主要材料，沿用传统砌筑方法，将老建筑与新改造部分紧密融合在一起，使整个建筑群更加统一。

1. 景观带节点鸟瞰
2. 改造前环境
3、4. 改造前建筑
5. 改造中建筑

1. 营地入口
2. 营地住宿区

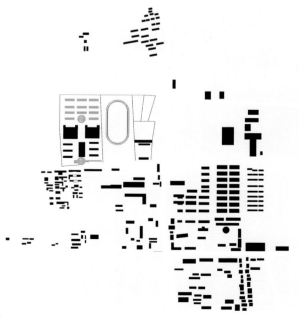

总平面图

6. 营地主入口

对原入口拆除进行重新设计，打造一个独特的景观入口空间，特有红砖砌筑的"1971 研学营地"几个字代替了普通的金属字体张贴，使其融入整个空间。

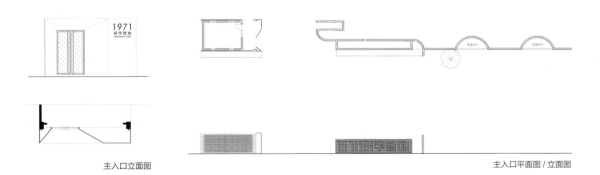

主入口立面图　　　　　　　　　　　　　　　　　　　　　　　　　　　　主入口平面图 / 立面图

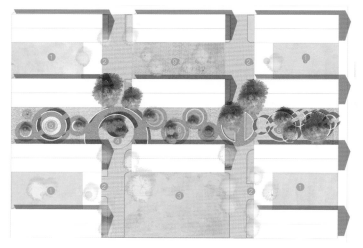

1. 住宿庭院
2. 庭院入口
3. 露营区
4. 景观带入口
5. 下沉篝火剧场
6. 圆环小道
7. 通道
8. 趣味迷宫
9. 小广场

彩色平面图

7、8. 光景与走廊
9. 圆环小道

　　对原有红砖建筑群进行重新梳理，将破损严重的小空间建筑进行拆除，保留主要建筑空间。设计师将保留的建筑空间重新组合，形成五个独立的院落空间和一个休闲趣味景观带，继续沿用红砖作为建造的主材料来整合空间氛围。在尊重建筑现状的基础上运用圆形元素配置每个庭院入口的专属空间，增加其趣味性和体验性。

10

10. 一号院子入口
11. 趣味迷宫鸟瞰图
12. 趣味迷宫人视图

景观带改造

　　设计师们用大小不一的圆形景观将空间串联起来，形成三个不同的休闲趣味景观场所：西侧下沉式的篝火聚会场所、中间环形小丘小道和东侧圆形迷宫墙。

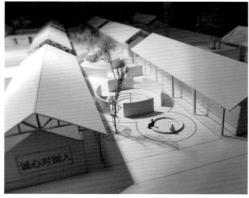

模型图（1）

模型图（2）

13. 景观带鸟瞰
14、15. 景观带节点

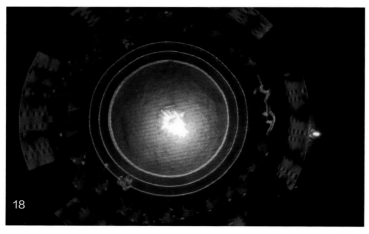

16. 篝火剧场
17. 篝火剧场夜景
18. 篝火剧场夜景顶视图
19、20. 室内一层空间
21. 室内二层空间

室内空间改造

　　原木框架屋顶改为钢结构并增加高度，满足住宿空间的光照需求，提升了空间亮度。

设计公司名录

CCDI 卆智室内设计（P.040）
地址：北京市朝阳区东土城路 12 号怡和阳光大厦 C 座
电话：010-84266241
邮箱：gwdesign@yeah.net

DK 大可建筑设计（P.220）
地址：北京市顺义区石园社区 84-108
电话：18101308898
邮箱：dakejzghsj@163.com

gad · line+ studio（P.028）
地址：浙江省杭州市教工路 198 号 B 幢 2 层
电话：0571-81020070
邮箱：linepress@gad.com.cn

场域建筑事务所（P.190）
地址：北京市东城区东四礼士胡同 139 号小院
电话：010-65750878
邮箱：approachstudio@gmail.com

杭州森上建筑设计（P.180）
地址：浙江省杭州市西湖区创意路凤凰创意大厦 3A-414
电话：0571-56928959
邮箱：senshang@qq.com

杭州时上建筑空间设计事务所（P.020）
地址：浙江省杭州市江干区钱塘航空大厦 2 幢 2111-12
电话：0571-85216267
邮箱：12676277@qq.com

久舍营造工作室（P.064）
地址：浙江省杭州市亚洲城市花园东区别墅 20 幢
电话：18620645556
邮箱：continuation_tg@126.com

米思建筑（P.116,138）
地址：江苏省南京市建邺区新城科技园创意路 88 号建测大厦 1111 室
电话：13805161233
邮箱：mix_architecture@163.com

三文建筑 / 何崴工作室（P.106,210）
地址：北京市朝阳区望京西路 48 号院金隅国际 A 座 12B05
电话：18611218007
邮箱：contact_3andwich@126.com

小大建筑设计事务所（P.080）
地址：上海市长宁区古北路 678 号同诠大厦 24F
电话：021-54653637
邮箱：contact@ko-oo.jp

一本造建筑设计工作室（P.052）
地址：浙江省杭州市余杭区良渚文化村
电话：15810692893
邮箱：Info@onetakearchitects.com

原本营造（P.200）
地址：北京市海淀区甘家口 21#-8F
电话：010-68331525—283
邮箱：oa_beijing@163.com

原榀建筑事务所 I UPA（P.094）
地址：湖北省武汉市洪山区卓刀泉路 238 号雄楚天地 1 号办公楼 901 室
电话：027-86643488
邮箱：atelier_upa@163.com

原筑景观（P.126）
地址：北京市朝阳区方恒国际 A 座 2205 室
电话：010-84711662
邮箱：yzscape@126.com

张雷联合建筑事务所（P.170）
地址：江苏省南京市鼓楼区汉口路 22 号南京大学费彝民楼 A 座 4 层
电话：025-51861369-805
邮箱：liuxiaoli_azl@163.com

中国美术学院风景建筑设计研究总院（P.148,158）
地址：浙江省杭州市西湖区西斗门路 18 号、20 号
电话：0571-88905908
邮箱：273766252@qq.com，12301901@qq.com